U0740977

竞争力

雷新生/著

待到春花烂漫时

竞争能使人进步，但是这绝对不等于攀比

中国出版集团　现代出版社

图书在版编目(CIP)数据

竞争力:待到春花烂漫时 / 雷新生著. —北京:现代出版社,2013.11
(身心灵魔力书系)

ISBN 978 - 7 - 5143 - 1827 - 2

Ⅰ.①竞… Ⅱ.①雷… Ⅲ.①成功心理 – 青年读物②成功心理 – 少年
读物 Ⅳ.①B848.4 – 49

中国版本图书馆 CIP 数据核字(2013)第 273551 号

作　　者	雷新生
责任编辑	肖云峰
出版发行	现代出版社
通讯地址	北京市安定门外安华里 504 号
邮政编码	100011
电　　话	010 – 64267325 64245264(传真)
网　　址	www.1980xd.com
电子邮箱	xiandai@ cnpitc. com. cn
印　　刷	北京兴星伟业印刷有限公司
开　　本	700mm × 1000mm　1/16
印　　张	13
版　　次	2019 年 4 月第 2 版　2019 年 4 月第 1 次印刷
书　　号	ISBN 978 - 7 - 5143 - 1827 - 2
定　　价	39.80 元

P前 言
REFACE

　　为什么当今时代的青少年拥有幸福的生活却依然感到不幸福、不快乐？怎样才能彻底摆脱日复一日地身心疲惫？怎样才能活得更真实快乐？

　　美国某大学的科研人员进行过一项有趣的心理学实验，名曰"伤痕实验"：每位志愿者都被安排在没有镜子的小房间里，由好莱坞的专业化妆师在其左脸做出一道血肉模糊、触目惊心的伤痕。志愿者被允许用一面小镜子看看化妆的效果后，镜子就被拿走了。

　　关键的是最后一步，化妆师表示需要在伤痕表面再涂一层粉末，以防止它被不小心擦掉。实际上，化妆师用纸巾偷偷抹掉了化妆的痕迹。对此毫不知情的志愿者被派往各医院的候诊室，他们的任务就是观察人们对其面部伤痕的反应。规定的时间到了，返回的志愿者竟无一例外地叙述了相同的感受——人们对他们比以往粗鲁无理、不友好，而且总是盯着他们的脸看！可实际上，他们的脸上与往常并无二致，什么也没有；他们之所以得出那样的结论，看来是错误的自我认知影响了判断。

　　这真是一个发人深省的实验。原来，一个人在内心怎样看待自己，在外界就能感受到怎样的眼光。同时，这个实验也从一个侧面验证了一句西方格言："别人是以你看待自己的方式看待你。"不是吗？一个从容的人，感受到的多是平和的眼光；一个自卑的人，感受到的多是歧视的眼光；一个和善的人，感受到的多是友好的眼光；一个叛逆的人，感受到的多是挑衅的眼光……可以说，有什么样的内心世界，就有什么样的外界眼光。

越是在喧嚣和困惑的环境中无所适从，我们就越会觉得快乐和宁静是何等的难能可贵。其实"心安处即自由乡"，善于调节内心是一种拯救自我的能力。当人们能够对自我有清醒认识，对他人能宽容友善，对生活无限热爱的时候，一个拥有强大的心灵力量的你将会更加自信而乐观地面对现实，面向未来。

本丛书将唤起青少年心底的觉察和智慧，给那些浮躁的心清凉解毒，进而帮助青少年创造身心健康的生活，来解除心理问题这一越来越成为影响青少年健康和正常学习、生活、社交的主要障碍。本丛书从心理问题的普遍性着手，分别描述了性格、情绪、压力、意志、人际交往、异常行为等方面容易出现的一些心理问题，并提出了具体实用的应对策略，以帮助青少年朋友科学调适身心，实现心理自助。

C目　录
ONTENTS

第三章 智力让竞争力不打折

第四章 特长打造核心竞争力

第五章 学习力决定竞争力

第一章
一切因竞争而精彩

竞争缔造了一个时代。竞争是一个社会向前的动力,于是竞争无处不在。高山在竞争云朵;大树在竞争阳光;花儿在竞争蝴蝶……因为竞争大地万物都显得朝气蓬勃。老子云:"水,善利万物而不争。"其实,水也在竞争——泉水击石,水不是在竞争石头吗?百川归海,水不是在竞争大海吗?我们不是一直在为生存而竞吗?人生没有竞争,也就不会有太大的成功,就算是天上真掉下了馅饼,你也要用嘴接。只有启程,才会到达理想的目的地;只有播种,才会有收获;只有竞争,才能脱颖而出,更好地实现人生价值。

优胜劣汰是铁律

优胜劣汰既是大自然运行的法则,也是人类历史发展的铁律。铁律就是由无数铁一样的事实铸就而成的,因而颠扑不破。所谓优胜劣汰,就是优的得以胜出,劣的将被淘汰。优胜劣汰的铁律并不保证劣不出现,而是保证劣肯定出现,但是必将被淘汰。优胜劣汰是竞争的结果。没有竞争,就没有优胜劣汰。优胜劣汰的过程就是竞争的过程。竞争确实有其进步意义,**思想家梁启超说过:"夫竞争者,文明之母也。竞争一日停,则文明之进步立止。"**有竞争才会有进步,有压力才会有动力。竞争是生物成长的推动力量。而在竞争中取胜只能靠实力,实力、竞争力最强者才会成为真正的胜利者。

在狼群内部,狼的地位就是通过竞争取得的。一个狼群通常有十多个成员,其内部的管理制度是这样的:一头公狼或母狼做头狼,靠竞争上岗,然后选定一位"王后"或"国王",合力对狼群的出猎与分食做出细致的安排。分食是群狼最有力的管理制度,通常都是头狼先吃,其次是身强力壮者,最后是弱小者。一次分食不够,便再次组织进攻,那些没吃饱的饿狼才会拼命向前。狼群的生存机会就这样最大限度地留给了强者。

同样在人类社会中,事无大小,人无高低,均在竞争中生存。良性竞争是发展自己、提高自己的动力,培养自己竞争意识的重要性是不言而喻的。有了竞争意识,就会有一种积极的进取心;有了竞争意识,就会有一种锐气;有了竞争意识,就会有一种不争第一誓不罢休的顽强。对于青少年来说,保持一种昂扬的精神面貌尤其可贵。良好的竞争意识、催人奋进的竞争环境会让青少年发挥出巨大的潜能,创造出惊人的成绩。

下面的故事讲的是一位名叫林海洋的父亲巧施计谋,让两个儿子"龙争虎斗",使成绩稳中有升,在高考中兄弟俩充分发挥,同圆清华梦。

2005 年 7 月 25 日,哥哥林志杰高考总分 667,弟弟林志瑞高考总分 663 分,两兄弟双双被清华大学录取。当这个消息传出后,轰动了他们的家乡江苏省东台市。林志杰和林志瑞分别于 1986 年和 1987 年次第降生。他们兄弟俩相差 1 岁,到六七岁的时候,兄弟俩的个头和长相都差不多,大多数人都误认为他们是双胞胎。听到大家的议论,父亲林海洋突然产生了一个想法,干脆就当双胞胎养着,让他们一起上学,互相比学赶帮,还能有个照应。就这样,兄弟俩就一起上了学。两兄弟也特别要强,无论是上小学还是上初中,成绩总是一路领先。2002 年 6 月,他们兄弟俩被江苏省重点高中录取。

上高中后,兄弟俩的成绩依然不错,一度在班上领先。在大家羡慕的眼神中,兄弟俩却由自信转向了自负,有点儿不思进取了。2004 年 11 月,学校组织高三学生参加全国中学生化学和物理奥林匹克竞赛。兄弟俩被学校选中,他们得知消息后,却十分紧张。哥哥林志杰对弟弟林志瑞说:"我们这次如果参赛拿不到名次,一定会受到同学的嘲笑。"弟弟也倍感压力地说道:"不光同学们会笑话,老师也会对我们失望呢。"兄弟俩最后达成共识,拒绝参赛。

班主任没料到兄弟俩会不参赛,心里一急,马上打电话给他们的父亲林海洋,希望他说服兄弟俩参赛。

父亲林海洋在来学校途中,左思右想,突然想出了一个好主意。到学校后,他并没有一下子把兄弟俩都找到跟前,而是先找到大儿子林志杰,对他说道:"志杰,你和志瑞都是我的儿子,俗话说'知子莫如父',这次竞赛你不参加,其实志瑞最高兴呢!"

"他高兴啥?"林志杰不明白。"他就少了一个强有力的竞争对手啊。"父亲林海洋说到这儿,故意停顿一下,瞧了一眼林志杰。林志杰的脸一下子急红了,他闷闷不乐地说:"难怪他竭力劝我不参赛,原来他留了一个心眼呀!不行!我不能让他得逞,不能输给他……"

林志杰的自言自语让父亲林海洋差点儿乐得笑出声来,他乘势"火上浇油"："对,志杰,我就觉得你比志瑞强,你一定不会让我失望的,我等着你的好消息。"林志杰果然中了父亲的"激将法"的计,他当场表态道："爸,你放心,我不仅要参加竞赛,而且还要拿到好名次。"

林志杰哪里知道,30分钟后,父亲几乎用同样的话激将了弟弟林志瑞。林志瑞听了之后也像林志杰一样先是惊讶,后是不平,他也下了决心,一定要参赛,与哥哥一比高下。

为了能赛出好成绩,打败对方,兄弟俩都铆足了劲,他们除了上课专心听讲外,课外时间也各自到图书馆刻苦钻研。1个月后,竞赛成绩下来了。在全国中学生化学奥林匹克竞赛中,兄弟俩都得了91分,荣获江苏赛区一等奖。更让师生们吃惊的是,他们的物理竞赛成绩也相同,都是86分,荣获选拔赛二等奖。

父亲林海洋得知这一喜讯,非常高兴。当他发现两兄弟暗暗较劲、彼此之间的沟通越来越少时,他就启发兄弟俩正确认识竞争与合作的关系。林海洋鼓励兄弟俩之间比思想、比学习、比纪律、比团结、比进步。让他们兄弟俩明白:竞争者应具有广阔的胸怀;竞争不应该相互嫉妒,而应是齐头并进,以实力超越;竞争不排除协作,没有良好的协作精神,单枪匹马的强者是孤立的,也是不易成功的。从此以后,兄弟俩常常在一起温习功课,形成了一种你追我赶、互相学习、共同进步的新型关系。2005年6月7日,一年一度的高考开始了。一场场考下来,两兄弟相约一起报清华大学。7月25日,清华录取通知书如愿送到兄弟俩的手中。

两个儿子成功地考入清华大学,让父亲林海洋喜泪涟涟。当众多家长向他取经时,他说的最多的一句话是"让两个儿子一起入学,比学赶帮,省了不少心呢!"

毋庸置疑,竞争是激发青少年潜能的有效催化剂。引入适度的竞争,能激发青少年的学习热情,有利于青少年的健康成长。曾有教育专家对某校小学五年级两个班的学生进行为期10天的加法练习,每天练习10分钟。其中一班为无竞赛班,他们只是凭自己的学习态度做练习,无其他诱因。另一班为竞赛班,他们的学习成绩每天都被公布在墙上,给进步者和优胜者都标上红星。最终结果显示：竞赛班的成绩一直呈上升趋势；无竞赛班的成绩在前五天呈下降趋势，以后开始缓慢回升。这就是说，竞赛班的成绩远远超过无竞赛班。

总之，培养孩子的竞争意识和竞争能力十分重要。那么，如何培养孩子的竞争意识和竞争能力呢？我认为，让孩子参加各种比赛是比较好的办法。比赛获奖后，孩子的自信心、成就感得到加强。如果在比赛中没有获奖，也没有关系，帮助孩子查找没有获奖的原因，克服遇到的困难和挫折，鼓励孩子今后继续参赛，增强孩子的信心和决心。在竞争中增长才干和提高心理承受能力。教育孩子正确对待竞争中的胜利与失败。"胜败乃兵家常事"。家长在孩子取得胜利时，要让其知道"山外青山楼外楼，还有高人在前头"的道理，终点永远在前面，失败时也别以为世界末日到了，输得起的孩子才有竞争力，耐心帮孩子校正其努力的方向。当孩子的竞争观念得到加强后，还需要家长的继续支持和经常鼓励。鼓励孩子战胜自己，把自己作为竞争对手，今天的我要胜过昨天的我，明天的我要胜过今天的我，这次的我比上次的我还棒——让孩子为不输给自己而努力。

优胜劣汰是生物界的铁律。狼群内部的竞争异常激烈，它们的生存机会是最大限度地留给优胜者。同样在我们人生的旅程中，每跨出一步，都意味着一次选择，都对应着一个结果，过程平平淡淡也好，轰轰烈烈也罢，总躲不过输赢二字。我们的每一天都在胜负中度过，一切都以竞争形式出现。那么，我们青少年如何培养自己的竞争能力呢？下面给你一些建议：

●在学习上，你要多充实自己。真才实学是竞争的筹码，也是踏上成功之路的要件，无论何种的挑战，都可应对自如，而不会被淘汰。

●在班集体生活中，要积极参与，在应该"表现"时就"表现"，在应该"发言"时就"发言"。

●在正当的竞争中不保持君子谦让的习惯，我们要鼓足勇气，壮足胆量，直面竞争。

●需要建立自己的优越感，要有良好的自我感觉。这是你参与竞争的前提，没有这种感觉，你处处感到自己不如人，就无法与人竞争。

●给自己以挑战，多经历一些事情，就多一些勇气和经验，也就有了竞争的资本。

　　●竞争必须采取正当的手段。竞争不能损害对手。成绩是建立在自己努力的基础上。克服嫉妒,参与正当的竞争,在竞争中求得共同的进步和发展。

魔力悄悄话

　　有很多人之所以没有成功,就是因为不了解自己的能力。我们往往在还没有衡量清楚自己的能力、兴趣、经验之前,便盲目地追寻一个过高的目标——这个目标是和别人比较得来的,而不是了解自己之后确定的,所以经常要受到辛苦和疲惫的折磨。而真正的智者对自己的能力优势了如指掌,不会因为别人的评价而改变对自己能力的肯定。

让优势主导你的人生

有一个法国人,在学习、工作和事业上都很不顺心。他没有好的家庭背景,只有中学学历,在一家小公司里从事打扫厕所卫生的工作。他对自己缺乏信心,觉得自己的人生充满悲哀和无奈。几乎整整五年,他每天早上起床后,就一成不变地上班、干活,与有限的几个朋友来往。他已经接受了这种生活方式,认为自己的生活只能如此。

有一天,一位老人搬到了他的隔壁。这位老人号称不仅能预知未来,还知道别人的前生。每天上下班时,年轻人经常会碰见老人并和他聊几句。有一天,老人坐在年轻人身边,称已经感觉到了年轻人的前生。老人告诉年轻人,他的前生是拿破仑,是历史上最伟大的政治家、军事家和领导人之一。拿破仑虽然出身卑微,但却通过勤奋和努力从科西嘉岛的平民成为法国陆军的军官,最终成为法兰西帝国的皇帝。

年轻人表面装作极不相信地离开了,但心里却有了一种从未有过的伟大感觉。他对拿破仑产生了浓厚的兴趣。回家后,就想方设法找到与拿破仑有关的一切书籍来学习。他开始了解拿破仑的生活,以及他的领导才能、性格和品质方面的细节和优势。他慢慢地发现,自己身上也潜藏着同样的一些优势。他研究拿破仑在领兵打仗时表现出的领导才能、指挥才能和统帅才能,越来越发现自己也具有同样的潜能。

他开始研究其他军事将领,研究军事史。他还研究了商场和战场领导方法的书。他时常发现,自己具有历史上各国领导者表现出的许多相同的优势。这些优势越积越多,在工作中,他的言谈举止就越来越像一位领导者。

他主动请求改变自己的工作职位,承接一些他原先想都没有想过的任务。公司领导感觉到他不再是以前那个无所事事的员工，全身都透出一种精明能干的干劲，于是开始交给他一些挑战性的工作。每次得到更难的工作时，年轻人都不再胆怯和害怕，他全身心地投入工作，并出色地完成任务。并在业务时间学习与工作有关的业务知识。他所了解的知识越来越多，经验也越来越丰富。他的职位得到不断的提升。

经过几年的进步，他已经完全摆脱了以前那种认为自己毫无优势的形象，彻底转变成了一个大胆、自信的管理者，成为行业的佼佼者。这个年轻人的改变并不是奇迹，在他没有意识到自己的优势潜能之前，只能流于平庸而且清贫的生活，他一成不变地任由噩运的摆布，浑浑噩噩五年多而无所获。但是，当他听说自己的前世是拿破仑以后，他对自己的人生态度就有了改观。他开始以拿破仑的品质和处事方法来要求自己，从拿破仑身上学习他赖以成功的优势，从而使自己在无形中也具有了这些优势。在这些优势的塑造过程中，他的处事方法也发生了巨大的转变。他在不断进步中获得了优势，并发挥出了优势，所以在事业上也青云直上，终有成就了。

每个人都有超越于他人的独特优势，这些优势如同潜藏在地底下的火山，蕴藏着无穷的能量。如果能及早地发现这些优势，并把这些优势发挥出来，那么，每个人都能获得非同一般的成就。在现实生活中，有的人潜心于忙碌和奔波，却忽视了去发现和挖掘自己的优势，这就等于是忽视了"磨刀不误砍柴工"的重要性一样，延误了成功的速度。所以，要想早日登上成功的顶峰，最快的捷径就是：现在，就去发现能改变你一生的优势。

魔力悄悄话

有的父母支持孩子的竞争：社会机制就是优胜劣汰，孩子只有在比拼中才能不断挑战自己，学会应付挫折感。而有的父母则不同，因为他们不希望孩子在压力中长大，尽量让孩子远离竞争的环境。

改变自己才能适应环境

英国现实主义小说家托马斯·哈代说过:"人的生命就是不断地适应再适应。"当我们无法改变社会的时候,唯有去适应社会。适应是一种积极的人生姿态。适应是为了进步和发展,因而与苟且偷生、碌碌无为不能相提并论;适应是对自己的战胜,能够丢弃自身的陋习,有勇气、有智慧与德高之人比高,与有能之人竞能,是令人钦佩的,因而与随波逐流不可同日而语;适应是对人生的考验,品德高尚的人不会苟同消极落后的东西,不会近墨而黑;此外,适应也是一种接受,是有辨别力,有选择性地"拿来";适应还是一种改变,对自己进行适当的改变。适应变化,唯有改变自己。一个人只要想法改变,事情就有转机,改变的意念愈强,胜算就愈大,成功的机会永远留给拥抱变化、渴望改变的人。

世界上一成不变的东西,只有"任何事物都是在不断变化的"这条真理。生物的进化同环境的变化有很大的关系,生物只有适应环境,才能生存。适应是普遍存在的生命现象,各种生物,无论是形态、结构、生理机能以及行为习惯,无一例外。

狼驾驭变化的能力使它们成为地球上生命力最顽强的动物之一。狼会自动地根据得到猎物的多少改变繁殖的速度,使狼群的数量保持合适的水平。多少年来,狼的狩猎对象不断发生变化,但狼都能灵活地适应,顽强地生存下来。当然,始终未变的是狼的自由、智慧、顽强的本性。

狼凭借嗅觉和视觉,并依循足迹等线索寻找猎物,然后悄悄地接近猎物。狼若发觉猎物所处的形势较有利,便会立刻放弃,转而寻找其他的目标。一旦被狼相中的猎物逃跑时,狼会随后紧追,然而若无法立刻追获,便会很快打消念头。当狼靠近猎物时,会咬住猎物后脚踢不到的部位,像臀部、侧腹、肩部、颈部或耳脸等。

狼时刻都保持着高度警惕心，非常注意观察自己周围的环境变化，注意任何一个在视线范围内出现的对手和猎物，不放过任何一次可进攻的机会。狼敏锐的嗅觉，使其善于捕捉机会。它从不因富地而留置，因贫地而弃置，在各种恶劣的环境和条件下，总是能捕猎到食物，表现出极强的生命力和适应性。

应该说，狼深切地知道，世界上唯一不变的是"变"的道理。懦弱者为此惶恐，善变者为此欢欣——因为就在这变的瞬间，世界已然是它们的了。

与狼相比，人类的适应能力更强，人类能适应四季阴阳的变化规律而发育成长。世界千变万化而你游刃有余，生活中的压力你常能化之于无形，你就是个生命力坚强的人。适应能力是人的综合心理特性，培养人对新环境的适应能力，是保护身心健康的关键。如果我们进入一个全新的环境，我们必须学会一些适应新环境的方法。**调整自己的心理状态，敞开心扉接纳新环境，我们就能很快适应新的环境。**

人称影坛"小天后"的刘亦菲，10 岁时被母亲带到美国求学。刘亦菲在美国的学习生活并不顺利，语言问题就是第一道难关。刘亦菲从小跟父亲学过德语，对英语却一窍不通。跟小伙伴交流时，她一会儿用汉语，一会儿用德语，对方讲的是英语，没法沟通，没几天小伙伴就不怎么理她了。她的母亲知道后，告诉她："在美国一定要说英语，不会可以慢点儿说，这叫入乡随俗，否则你交不到朋友的。"刘亦菲在美国求学最开始的那段时间，每天都要学习到深夜 12 点，两个月以后她就能用简单的英语跟小伙伴们交流了。

第二道难关是不适应美国的教育方式和生活方式。美国学校上课，学生可以围在一起，由老师带着玩，在玩的过程中学知识、长智慧；而且，美国学校非常注重培养孩子的动手能力和自立能力。刘亦菲从小备受母亲呵护，动手能力差，着实犯了不少难，动不动就向母亲诉苦。她的母亲刚开始心疼，但很快意识到这样下去不行，孩子必须经受锻炼。她的母亲于是说："妈妈不能帮你什么，这是学校的规定，你得改变自己，要不咱们来美国干什么?"在母亲的引导下,刘亦菲开始转变自己。

美国的万圣节是刘亦菲最喜欢的节日,她曾和四五个小伙伴一起从下午5点出去,到晚上9点后才回到家。在美国的生活中,她曾受到韩国女孩的欺负,她鼓足勇气,找到校长解决了此事。一年暑假,刘亦菲和几个同学谋到一份卖报纸的工作,由于她吃苦,报纸销量总比别的同学多。一天,刘亦菲向一个美国老太太推销报纸,可老太太并不想买。这位老太太刚从市场回来,手中提着许多物品,手疾眼快的刘亦菲主动帮老人提东西,并且一直送到家。结果那个老太太买走了一半的报纸,还多给了刘亦菲20美元,不住地赞美她是最棒的女孩儿。那个学年,刘亦菲被学校评为暑假最出色的孩子。经过一段时间的磨炼,刘亦菲渐渐适应了美国的教育方式,她感觉自己有勇气面对各种困难。

刘亦菲回国后,凭借扮演《金粉世家》中的白秀珠、《天龙八部》中的"神仙姐姐"王语嫣和《神雕侠侣》中的"小龙女"等角色,一下子成为声名鹊起的影视红星。别看刘亦菲年纪小,但她能吃苦,为了拍好"射雕",她吊威亚、泡冷水、骑马甚至要做高难度的武打动作……这些她都很努力地去做了。刘亦菲能获得不菲的成绩,得益于一个相对稳定的成长环境,更得益于她母亲培养了她适应环境变化的能力。

世界首富比尔·盖茨曾说:"生活是不公平的,要去适应它,而不是去逃避它。"变化是人生的一部分,要以主动适应的心态引导事物变化。主动适应能对事物的变化做出有积极影响的行动,并改变自己,以更好地适应新事物和新环境。主动适应变化才会成功。我们青少年欠缺主动适应力,更多的是被动地响应外界变化,当应付不了变化来临时,就会产生挫折感,长期被动会导致不知所措。所以,家长们一定要教育孩子用主动的心态,迎接外界变化,适应不同的人、不同的事。适应与否其实就在于"心",心理障碍排解了,则什么都能适应。心不适,则万事不顺。人,只要有一种信念,有所追求,什么艰苦都能忍受,什么环境也都能适应。适应要从改造自己开始。改掉陋习,改掉落后,这是一种适应。要孩子适应变化,还必须努力提高孩子的综合素质。一个人适应能力的强弱与他的思想品德、知识技能、活动能力、创造能力、处理人际关系的能力等密切关联。

使狼成为世界上与人类并存并成为最成功、最持久的哺乳类动物之一的主要因素，是狼族适应变化的能力。我们青少年朋友也要学习狼这种适应环境变化的能力，与时俱进。那么，青少年如何适应环境的变化呢？下面给你一些建议：

●必须认识到环境对我们学习的影响。作为具有独立意识的人，与什么样的人交往，在什么环境中生活也必须有一个正确的认识，根据自己的实际情况选择适合自己学习的环境。

●适应环境突出表现在紧随时代的步伐，走在时代的前面。

●我们无法改变环境，但我们可以改变自己。面对严峻的环境，我们要有积极的心态，每天要有一个好心情。

●要想适应环境的变化，首先要改变自己的思维方式。从新观念出发观察和分析问题，顺应新环境。

●人生如水，我们既要尽力适应环境，也要努力改变自我。我们应该多一点韧性，能够在必要的时候弯一弯，转一转，因为太坚硬容易折断。因此我们既要有水滴石穿的毅力，又要有抽刀断水水更流的韧性。唯有那些不只是坚硬，而更多一些柔韧弹性的人，才可以克服更多的困难，战胜更多的挫折。

魔力悄悄话

只要竞争的动力来自孩子自身，就顺其自然。如果父母的虚荣心煽风点火，或者反之，父母禁止孩子与别人竞争，那都是有害的。缺乏斗志的孩子会面临很大的问题，有的甚至会用拒绝和逃避来对待挑战与责任，因为他们没有学会相信自己。

没有危机意识是最大的危机

在这个瞬息万变的时代,竞争激烈到了前所未有的程度,没有危机意识就会面临"杀机",时刻保持危机意识就会迎来"生机"。

《左传》中曰:"**居安思危,思则有备,有备无患。**""居安思危,未雨绸缪",是一种超前的危机意识。

危机意识是清醒剂,能让人在危机来临之前保持清醒。昨天的辉煌并不意味着今天的成功,人最好的时候可能是最不好的开始——"危机"往往就是这时悄悄来临的。

美国未来学家阿尔文·托夫勒认为:"生存的第一定律是:没有什么比昨天的成功更加危险。"

因此,我们不能陶醉于以往的成功经验,必须永远保持"如履薄冰"的危机意识。

不满足现状,持续不断地挑战自我,向更高的目标迈进。狼是一种不满足现状、时刻都保持危机感的动物。

危险时时刻刻会在它们身边发生,只要稍微放松,就有可能被猎人打死或者被其他食肉动物吃掉。

狼吃食物时,任何人都不能靠近。一旦靠近,狼就会近乎疯狂地对人进行攻击。狼在吃食物时这种本能的表现就是因为在狼的头脑中有危机意识。

没有食物,它们就不能生存。无论是在草原、森林,还是在雪原,狼要获得食物都要经过艰苦的努力,甚至要付出生命的代价。狼知道食物的宝贵,夺走它们的食物,就像夺走它们的生命。它们保卫自己的食物就相当于在保卫自己的生命。

狼经常用伏击战来屠杀羊群,它们深谙此道。而狼群有时候也会成为猎人或者其他大型食肉动物的猎取目标。所以,狼也经常会遭遇这种伏击战术,狼如果没有高度的危机意识,就很容易成为敌人的食物或者牺牲在猎人的枪下。

在蒙古草原上,牧民们会在一些牲畜的尸体旁边挖一些陷阱,在里面布置狼夹。狼一旦掉进陷阱里,就会被狼夹夹断四肢甚至腰部,根本没有逃脱的机会。虽然,食物的诱惑让它们不可抗拒,但它们会保持足够的警惕性。

一般,在离牧民居住较近的地方,它们都会格外小心,会用嘴叼一些物体扔到牲畜尸体周围,来看看有没有陷阱。等探明了没有危险之后它们才放心地走过去,但也并不是立刻就去撕咬食物,而是用它们灵敏的鼻子去闻闻尸体。如果有异常的味道,它们也不会去吃,因为那有可能是牧民们在牲畜的尸体上撒了毒药。

狼简直具有了人一般的智慧,也正是这种智慧才保障它们生存至今。

我们不难看出,**只有将危机意识落实到行动上,才不至于被安逸和舒服所吞噬,才能更好地生存下去。**

拥有强烈的危机意识是一个民族能够生生不息的关键所在。强烈的危机意识能造就一个民族清醒的头脑和旺盛的斗志。在胜利面前不居功,在成绩面前不自满,在安定的环境里保持警觉,在歌舞升平中听出"四面楚歌",在优势背后看到潜在的危机。

中华民族自唐代以后的 1000 余年一直处在周而复始的危机之中,有将近一半的时间处于外族的奴役之下。我们的民族也曾一再起义反抗摆脱外族的奴役,但都因没有强烈的危机意识和有效的行动,再度沦为任人踩踏的亡国奴。

最悲惨的灾难发生在近代:1894 年,面积只有中国 1/30,人口只有中国 1/10 的日本向中国宣战,战争结果是力量占绝对优势的中国战败。一支日军闯进了旅顺,开始了震惊世界的旅顺大屠杀。日军不论男女老幼,见中国人就杀,一时间旅顺尸横遍地,血流成河。大屠杀整整持续了四天三夜,近两万名中国人惨死在日军屠刀之下,旅顺市区内仅存 36 人,留作掩埋尸体之用。

中国人没有从这次惨剧中吸取教训,没有奋发图强励精图治,亡国灭种的危机一过就把灾难当成过眼烟云。然而世界是残酷的,对这种残酷性,中国人领会最深。甲午战争之前,中国人还基本上只是赔钱消灾,之后,就陷入了日本人无休止、无限度的残害、虐杀之中。1937年,日军占领了南京,杀害了30多万中国人,旅顺的悲剧又一次重演。

近年来,日本迈向政治军事大国的步子越来越快,不仅频频向海外派兵,同时主张为了使日本的军事力量赢得更多支持,必须在国民特别是青少年中加强国防教育。

追溯历史,日本的国防教育是有传统的。早在100多年前,为了实现富国强兵的梦想,日本即在学校中实施了军事训练。为了方便军训,当时的日本人毅然让学生脱去了碍手碍脚的和服,换上了贴身精干的西式制服。战败后的日本虽未像战前那样大张旗鼓地开展以"武士道"精神为主要内涵的国防教育,但其弘扬"军国主义"的本质并没有改变,而且手法更加灵活多样,更易于潜移默化地影响民众。其主要做法之一是:竭力渲染各种威胁,借以增强青少年的危机意识。日本很善于制造危机意识,并将其转化为增强凝聚力的利器。冷战时期,日本着力强调苏联威胁,并据此对外巩固日美军事同盟关系,对内加强自身军备建设。冷战结束后,他们转而热炒"朝鲜威胁",并以周边事态等各种可能危及日本安全的事态为假想,对军事政策、部队编制、武器装备等进行了一系列调整,也使青少年逐步对加强军备建设表示理解。

日本是个资源贫瘠的岛国,日本人的危机意识根深蒂固,这一方面使日本人利益至上和抱团作战;另一方面资源的匮乏也在一定程度上将自卑感深植在这个民族中。

2006年可谓"日本沉没年":7月7日《日本沉没第二部》正式发售;7月15日重新拍摄的《日本沉没》在日本上映,制作费用高达20亿日元,动员了日本电影史上最多的人员和资金。《日本沉没》于1973年刚一出版,就创下了400万册的销售纪录,成为日本战后第一畅销书。《日本沉没第二部》着重描绘了日本人在"失去国土"之后的命运,被视为将日本人的危机意识发挥到了极致。花费 9 年时间创作该书的日本人说,当时人们沉浸在经济高速成长的乐观情绪中,写书的目的是想再次让日本人直面国土沉沦的危机。相比之下,中华民族缺少的正是危机意识!

如果我们没有强烈的危机意识,昏昏然自我感觉良好,看不到"盛世危机",就不会探索解决危机的办法,就不会付诸实际行动,就不会转危为安,危机就会积少成多。当危机积重难返时,别说我们无法把 21 世纪变成中国的世纪,连今天的成果也未必守得住。没有危机意识是最大的危机! 我们今天面临的紧迫任务是:必须拥有强烈的危机意识! 重铸我们的民族精神!

要想增强孩子的危机意识,首先要增强家长和教育者自身的危机意识,将危机意识的教育纳入自己的行动当中。培养孩子的危机意识要趁早,及早点燃孩子危机意识的火苗,要使危机意识成为孩子的思考习惯。事实上危机意识是一种很好的习惯,它无时无刻不让人受益。它告诉我们,要谨慎,要勤奋,凡事要想在前头,做在前头。我观察很多教育失败的孩子,认为"缺乏危机意识、满足于现状、不担心未来"是大部分孩子失败的重要原因。

所有人天生都是有惰性的,如果感觉条件优越、未来无忧,那么就没有人会努力。谁不觉得上网和打游戏要比学习和工作更舒服? 如果家长和教育者不培养孩子的危机意识,那么大部分孩子肯定不太愿意学习。别说孩子了,便是大人,难道不也是如此吗? 所以,从孩子很小的时候就要使用有效手段告诉他:不努力马上就会有危机,你就会得不到你想要的好东西。让他在脑子里形成这种条件反射和好的习惯。

狼是一种警惕性极高的动物,它不满足现状,时刻保持危机感。我们青少年朋友也必须要有危机意识。如何做到这一点呢? 下面给你一些建议:

●当我们在学习上取得好成绩时,不要骄傲。骄傲,是一位殷勤的"向导",专门把无知与浅薄的人带进满足的大门。文学家鲁迅认为:"不满足是向上的车轮。"提升自己的要诀是切勿停留在原地不动,而欲达到此目,首先要有不满现状的心理。但是仅仅不满足是不够的,你必须决定下一步往何处去。

●我们不要贪图物质生活享受，不与同学或他人攀比吃得好、穿得好。如果安逸富贵，就会逐渐磨灭了自己的雄心壮志。

●我们要看到自己的不足之处。只有一个人的心灵里时刻存在着不满足，他才会不断地克服弱点，才会不断地向更高的目标进取。

魔力悄悄话

人们总希望在别人的眼中看到完美的自己，因此，爱攀比似乎是正常的心理现象。但是，任何事情都是有度的，如果超过了这个度，正常就变成了不正常。对此，我要告诫家长们，父母是孩子的榜样，所以父母首先要以身作则。一些父母，一方面害怕孩子攀比，一方面自己却攀来比去，结果害了自己更害了孩子。

竞争合作共存亡

合作增益是合作关系产生的根本动力。合作关系的丰富和发展将会促进经济的丰富与发展,企业合作关系的丰富与发展将会促进企业生产能力的丰富与发展。对外合作关系的丰富和发展对个人生活与能力的发展起到一定的促进作用。合作关系以多种形式表现出来,按照其对象的紧密程度来说,有紧密性合作和自由合作两种类型。

竞争与合作的优缺点

紧密性合作对合作双方的约束性比较强,如同雇佣双方,双方签订了劳动合同之后,彼此之间都有了约束。而商业合同的合作相对的约束性比较小,因为自由合作的合作双方通过一系列的活动进行合作,其活动内容相对繁多,所以约束性小。即便是两种合作关系,但是这两种类型也有其优缺点。

对于紧密性合作来说,双方责任比较明确,便于形成固定的合作关系,同时其合作效率会有提高的趋势。但是这种合作关系也有它自身的缺点:合作双方提升自己的压力不大,有使合作关系僵化的趋势,并不利于新形式的发展。

相对于紧密性合作来说,自由合作的优点就是双方关系不够明确,适于新形式的形成。合作双方有一定的压力,能够不断提高自己,而缺点就是双方合作关系不确定,始终处于不确定之中,增加了合作的风险性。

竞争关系因为资源稀缺而产生,竞争与合作一样,竞争关系和合作关系的相互作用构成社会规则的一部分。

竞争的优点就是可以给双方压力,迫使对方改变自己,并淘汰弱者,最终让社会得到进化。而其缺点是有的时候,竞争的双方会采取不择手段的方式伤害竞争的另一方,使社会关系趋于恶化。所以,社会集体和个人都需要用不同的形式遇到不正当竞争的出现,这样社会才会不断进步,而人也会更加利用各方面的资源提高自己。

现代社会是因为竞争而不断进步的,现代社会竞争甚至比合作更能够使社会获得进步。在激烈的竞争形势中,你追我赶的态势会让落后成为先进,社会就是遵循这种永恒的竞争法则走向现代和未来。而对于个人而言,竞争导致人人都有机会参与,其结果是优胜劣汰,保证了社会公平。

竞争与合作共存

竞争中各方都各尽其能,这在一定程度上激励了个人积极性的发挥。竞争不仅仅是时代的要求,更是对人性的挑战。若想成功,需要的是朋友的支持,而若是想非常成功,就需要比自身更加强大的对手。由此可见,有竞争就会有合作,培养竞争意识和合作意识才能够不断完善自己,同时才能开展更加广阔的人生。

竞争和合作是密不可分的,两者相互联系,代表着两种不同的互动关系。竞争能够使人激发动力,增强活力。而合作可以使人友好相处,团结协作。合作能够提高个人的生产力,同时也会创造一种生产力,起到事半功倍的效果。

各国之间因为全球经济的全球化和一体化而联系越发紧密。中国在加入世贸组织之后,我国的各行各业都纷纷走出国门,开始参与全球的竞争与合作。国与国之间存在竞争与合作的关系,个人与个人之间也存在着竞争与合作。不少人认为竞争就是你死我活,有竞争就不能有合作,竞争双方似乎注定是为了利益而战。但是很多时候情况不一定如此。换句话说,双方若是不同而和,共同享有资源,共同开发从而求得共同发展又何乐而不为。

市场经济离不开竞争,有了竞争才能够激发动力和活力,促使企业不断推进科技进步,改善经营管理方式,同时降低成本,提高质量。建设和发展中也离不开合作,有了合作才能够优势互补,取长补短,同时求得共同发展。聪明的人不但要积极与伙伴进行合作,也要敢于从竞争对手中寻求合作并且从中获利。

越来越多的公司通过合作而参与全球竞争。竞争之中有合作,合作之中也有竞争,是对传统的竞争理念和模式的超越。于合作中竞争也是适应新形势发展的必然选择。

实践证明,过去那种将同行看作是对手和敌人的观念,同时认为有了竞争就不能有合作的观点是片面和有害的。这种观点往往会造成不必要的摩擦和浪费。但是将竞争与合作相互结合起来,在竞争中合作,就能够突破孤军奋战的局限。将自己的优势和其他企业的优势相互结合起来,将双方的长处最大优势地发挥出来,这样在一定程度上既能提高自己也能提高别人的竞争力,实现双赢的结果。

在市场经济形势下,固然要讲竞争,但是更要讲合作。在分工越来越细,经济往来越来越频繁和密切的时代,若是想靠自己的力量来谋求更大的发展似乎是不可能的。只有建立广泛的联合才能实现竞争的和谐、持续、健康发展。而诸如此类的例子也是屡见不鲜。

重庆的摩托车行业发展得十分迅速,在全国甚至是全世界都有很重要的地位。而最重要的是该行业形成了完整的产业链,它拥有力帆等龙头企业,也拥有秋田等零部件配件厂家。经过多年的合作发展,都已经形成国内行业的排头兵。甚至连世界知名的宝马等重量级企业,都会到重庆寻求合作和发展的机会。

在全国各地或者国外,经常会出现一条街的连锁经营的情况,如同"温州一条街",在那里经营的业主并不是一次性来的,而是一人获利之后,通知其他同乡,从而发展到一条街的状况。各地商人之间的这种抱团精神,其实是一种合作精神的内涵。当今的时代是竞争的时代,只有通过广泛的联合,企业才会具有竞争力,没有联合力,就不可能适应这个时代。

因此,在竞争日益激烈的形势下,建立广泛的联合,实现竞争企业的共赢发展是十分必要和重要的。以大企业观实现企业广发联合和企业间的相互竞争,通过强强联合、互惠互利。共享资源,这样才会产生出很好的效果。实现双方的突破性发展。

魔力悄悄话

在平常学习中,我们一起学习,互相帮助,这就是朋友是合作,我们没有选择的余地。生活在这个社会里,生下来就要竞争,只有强者才能生存,这也告诉我们一个道理,合作给了我们充分的准备,竞争给了我们表现的机会。

不做温室的花朵

当小燕子孵化出来,慢慢长出一点翅膀的时候,燕子妈妈就要开始教给它飞翔的本领了。

今天和往常不一样,往常燕子妈妈总是将小虫叼到燕子窝里来喂,可是太阳都落山了,小燕子还没有吃早餐。燕子妈妈嘴里叼着虫子,就在不远处飞翔。小燕子饿坏了,妈妈怎么还不给孩子吃食啊?

"来吧,孩子,试着飞过来。"

"可是,妈妈,我不敢,我不会飞啊!"小燕子害怕地说,"离地太高了,万一掉下去怎么办?"

燕子妈妈什么也没说,只在空中盘旋着。过了一会儿,有只胆子大一点的小燕子从窝里探出头。

"孩子,来吧!你能行,我也是这么学会飞的。你试着拍打翅膀,对,就是这样!很好,你成功了!妈妈真为你高兴。"一只小燕子飞出巢,它成功了!

接着第二只、第三只小燕子也成功了。

最后一只小燕子,是妈妈最小的孩子,胆子很小,不敢飞。

"妈妈,我不敢飞!"这只最小的燕子说。

"来吧!飞是迟早的事情,我们还要飞越高山、大海,不学会飞,怎么行呢?你的哥哥姐姐已经会飞了,你要向他们学习,勇敢一点。"

虽然害怕,可是实在是太饿了,小燕子只好一跃而起,向妈妈飞去。

"哎哟,我掉地上了,好疼啊!"小燕子趴在地上痛苦地说。

"没有摔伤,试着再飞起来,来吧,妈妈这里有吃的。"燕子妈妈鼓励着小燕子。

小燕子看着妈妈,还有勇敢的哥哥姐姐,终于拍着翅膀试着再飞起来了。

"太好了,你也成功了!"哥哥姐姐高兴地祝贺它。

小燕子终于学会了飞翔,有了自立的能力,能够自己去寻觅食物,不用妈妈整天喂它了。

如果没有学会飞翔,小燕子不能够养活自己,更不能飞跃高山、大海,在南方过冬,在北方度夏。如果我们事事依赖父母,我们就不能独立生存,照顾不了自己,更别说独自在外求学,走上社会。

遇到难题的时候,不能再让父母替代我们或者全部帮助自己完成。自己的事情要自己做,要学会自立。把困难当成锻炼自立能力的机会。只有这样,你才可以更好地掌握自立的本领。

"温室"中长大的孩子没有竞争力

生活自理能力,也就是自己管理自己的生活的良好习惯。学会料理自己的生活,是儿童在社会化过程中不可缺少的一个环节。不少小学生,由于在生活上由父母"包打天下",6岁的孩子鞋带散了不会系,急得直哭;9岁的孩子不会穿衣服,闹出将内衣当外衣的笑话;10岁孩子要妈妈喂饭。

在这种"温室效应"下,儿童因娇宠而任性,脆弱,追求享受,缺乏独立性和克服困难的勇气与能力。这样的孩子是很难成才的,甚至连能否长大成人都成问题。

某学校带学生去远足,有一位家长给教师写了一张条子,谎说孩子身体不舒服。老师一问孩子,孩子说了实话。没办法,家长只得让孩子去了。于是给孩子准备了熟鸡、肉、水果、罐头、香肠、巧克力、饮料……真是应有尽有。

这还不算,家长还特意请了假,骑车远远地在后面跟着学校的队伍,怕孩子受委屈。到了晚上老师去查铺，发现床底下有一个人，吓了一大跳，原来是孩子的爸爸钻在床底下。这位爸爸说："孩子没在外睡过觉，怕他翻身掉下来，我在这儿等着接他呢。"

爱孩子爱到这个份上，其用心之良苦真可谓空前绝后了，可是，家长们如此良苦的用心，带来的结果却不是想象中的那么美好。

魔力悄悄话

竞争与合作并不是一对"敌对兄弟"，竞争离不开合作。因为有合作才能优势互补、取长补短、收拢五指、攥紧拳头、形成合力。

过度保护是种伤害

怕摔着，不让孩子爬得太高；怕被电着，不让孩子接触电器；怕累着，不让孩子洗衣服；怕被骗，告诉孩子不要和陌生人说话……家里有了孩子，是不是我们就开始有了这样那样的担心和害怕？

其实孩子很反感父母总是像放风筝那样用绳子牵着他们，他们期望爸爸妈妈不要总是过分地表露出那份担心，否则他们会觉得在别的小朋友面前很没面子。甚至看到别的孩子放心大胆地玩，自己却总是被妈妈管着、陪着，反而产生厌烦，认为是妈妈多事。从客观上说，父母过度保护孩子，不仅让孩子失去了在生活中锻炼的机会，使之丧失独立生活能力、社会交往能力，更会让孩子失去建立自信、自尊的机会。而缺乏这种能力的人，不仅照顾不好自己，而且在集体生活中很难找到自己的位置。从根本上说，过度保护孩子是对孩子的一种伤害。

5岁的丹珍在妈妈的陪伴下到小公园去玩，在旁人看来丹珍非常听话懂事，很安全地玩着各项游乐设施，可是丹珍的脸上始终没有笑容，最后主动提出想回家。原因很简单，妈妈给丹珍的自由太少，荡秋千，妈妈要求牵着丹珍的手，让孩子像娃娃一样坐着，自己在旁边推；丹珍要求玩单杠，妈妈觉得危险就拒绝了；丹珍玩滑梯，妈妈又在一边指挥，什么时候该下来，什么时候不能下来。在妈妈的全权控制下，丹珍失去了游玩的兴趣，觉得索然无味。

锻炼孩子的勇气，常常是对父母自身勇气的一种考验。如果父母自身对困难、对带有一些危险的活动害怕，那显而易见，孩子自然会受到影响。

有时父母仅仅出于对孩子安危的担忧,而牺牲孩子锻炼的机会,这样做是不是有点儿得不偿失呢? 其实过度保护孩子对孩子来说,就是一种伤害。

我们都希望自己的孩子是快乐的天使,是幸福的宝贝,所以总是呵护备至,然而孩子却一脸不高兴,究其根源就是对孩子的过度保护削弱了孩子的勇气,剥夺了他们生活的乐趣。所以还是松开那双紧抓孩子的手,给孩子自由成长,自主发展的空间吧!

方法一:让孩子学会坚强

我们觉得孩子的所有缺点都是可以原谅的,于是过分顺从了孩子的意愿,对孩子的缺点过分迁就,替孩子包办其力所能及的事情。其实过于保护孩子只能让孩子在心理上产生依赖思想,行为上产生软弱性。作为父母,让孩子明白对于任何困难,勇敢坚强是唯一的办法,哭泣和抱怨并不能克服困难,在这种信念的支撑下,孩子才会变得日益坚强。

冬冬是一个胆小的孩子。有一次,他爬一个小山坡的时候,一步一抬头地看着爸爸,很想让爸爸把他抱上去。爸爸有意要锻炼一下他的胆量,自己不停地向上爬。因为爸爸相信冬冬有这个能力爬上去,这是锻炼孩子胆量的一个绝好的机会。爸爸时而回头鼓励冬冬:"儿子,要坚持啊。坚持就是胜利。"最后冬冬依靠自己的努力爬上了山顶。

我们知道"劳其筋骨"是磨炼意志的重要方法。拒绝给孩子过度的保护,给孩子提供一些适合孩子的艰难,才能使孩子坚强起来。

方法二:让孩子学会说"我自己来"

孩子毕竟是孩子,他们眼中的世界与我们成人眼中的世界是不同的。他们解决问题的方式及能力也许不合乎我们的观念,但当孩子说出,"我自己来",我们一定要用一种欣赏的眼光看他。一个欣赏的眼神、一个鼓励的微笑,都能给孩子无穷的力量。孩子会在这些眼神和微笑中更积极地解决遇到的问题。

邦楠刚上幼儿园的时候,是个活泼好动的孩子。可是每当吃饭的时候,他都坐在那里看别的小朋友吃饭,自己却一直等着老师过去喂他。刚开始时老师以为他不舒服,可一连几天都这样。

后来,幼儿园老师把这一事情告诉了他的妈妈,并了解到近来邦楠都是吃面条,而且每次都是奶奶追在后面一口一口喂给他吃。虽然他在一岁半的时候就能自己拿勺子吃饭了,但是因为吃得到处都是,还经常洒饭,所以父母为了防止他把衣服弄脏了,就不允许他自己吃,而一直喂他吃饭,结果养成了"饭来张口"的习惯。

后来邦楠的父母和奶奶商量:再也不给他喂饭了,看他有什么反应。一天早餐,大人都没管一边的邦楠,自己吃自己的,邦楠忽然说:"妈妈,我想吃饭,让我自己来。"一家人很是高兴,都表扬邦楠长大了,懂事了。几天下来,邦楠每天都高高兴兴地拿起勺子,一口一口自己吃饭,现在他的坏毛病已经改正过来了。

孩子需要一定的空间去成长,去试验自己的能力,去学会如何对付问题。不要为孩子做任何他自己可以做的事情,如果过多地做了,就剥夺了孩子养成独立品格的机会。毕竟,父母不能陪伴孩子一辈子。

方法三:让孩子学会自我保护

孩子喜欢疯跑打闹,在许多成人眼里,似乎是个缺点,经常被"勒令禁止"。然而,了解了孩子的特点后,父母就应该对孩子的行为给予理解。

欢欢是一个活泼好动的小男孩,每天从幼儿园回家的路上,他总是与班上的几个男孩子一起追逐打闹。大街上正在修路,马路上车多人挤,父母非常担心他会出事故,经常提醒他注意安全。回家后,欢欢经常与邻居的孩子一起疯跑打闹,父母又因此担心孩子会磕着碰着。

你家里是不是也有这样一个淘气宝,你是不是也像欢欢的父母那样每天为孩子不能心安? 其实孩子活泼、好动,喜欢与同伴玩耍,这是他自身运动、游戏、交往的一种正常的需要。对孩子来说,这是件好事,只要我们帮助孩子增强安全意识,让孩子学会在游戏中保护自己,那么我们就可以让孩子大胆参加各种游戏运动,大胆和其他孩子玩耍嬉戏。只要家长教孩子逐步学会与他人共同游戏,并在运动中保护好自己,同时不伤害别人,就没必要给孩子太多的限制。

高尔基说:"爱孩子,是母鸡也会做的。"我们不做"母鸡",我们要用全新的教育理念武装自己,让自己的孩子接受最好的教育。那么,就让我们用实际行动改变我们爱的方式,松开紧箍的双手,把独立成长的机会还给孩子!

魔力悄悄话

在充满着竞争的社会中,如何才能保持心理健康呢? 首先,应该对竞争有一个正确的认识——竞争成败是正常。其次,对自己要有一个客观的恰如其分的评估,努力缩小"理想我"与"现实我"的差距。再者,在竞争中要善于审时度势、扬长避短。

第二章 什么是真正的竞争

一提到竞争,不少人心里就紧张,马上想到的是"你输我赢",甚至"你死我活"。其实,这种心理是对竞争一词真正内涵的曲解。

美国著名拳击手杰克每次比赛前,必先安静地祷告一会儿。有拳迷问他:"你在祈祷自己打赢这场比赛吗?"杰克摇摇头说:"如果我祈祷自己打赢,而我的对手也祈祷打赢,那上帝就难办了。"拳迷又问:"那你到底在祷告什么呢?"杰克说:"我只是祈求上帝让我打得漂漂亮亮的,让我们谁都不受伤!"这是值得称道的拳击场上的竞争。

输赢观念须知道

在培养孩子的竞争精神之前,我们首先要清楚一点:家长需要把竞争观念教给孩子吗?

在"小荷家园",当我这样问家长们时,大家很明显地有了分歧。一部分家长觉得竞争观念是现代社会必须具备的品质;而另一部分家长却认为孩子还小,不应该太早让他们看重输赢;还有一部分家长则觉得竞争观念的形成是自然的过程,不需要刻意去培养。

听起来,他们各自都有足够的理由认为自己的观点是正确的,而事实上任何一个教育学家都不能整齐划一地让某一个教育理念适合每一个孩子,因为教育本身就没有定规,因材施教才是永恒不变的。可是,教育也不允许模棱两可的存在,当我决定开设孩子竞争力培养课程时,我已经花去了很多时间和精力去调查和总结,好让我的教育观点有足够的事实作为依据。

我发现一种趋势:成年人不愿让孩子失败。我们成年人总以为孩子太脆弱,承受不了失败。然而,孩子的天性是什么呢? 他们喜欢游戏,喜欢竞赛,喜欢一个裁判的存在。没有了赢家,游戏和比赛就失去了刺激。如果失去了竞争目标,也就失去了争取最棒的动力。竞争与动机是共生的,竞争精神是我们成年人获得成功的关键,既然如此,我们为什么不培养孩子的竞争精神呢?

我并不是说我们要在生活的方方面面把孩子置于激烈竞争之中,但是如果应用得当,健康的竞争能够使我们的孩子学会很多生活的道理。游戏和比赛是为了说明动机和毅力的重要性,同时也是为了让孩子明白要输得起。孩子从中还能学到其他宝贵的经验:从失误中吸取教训,寻找改进的办法,从头再来。作为家长,我知道偷懒的办法是不要让孩子失败,而不是让他们在失败时面对挫折。孩子完全能够承受失败,他知道自己在比赛中也许赢不了,如果他得不到一点儿奖品也没关系,他下次会再努力。但是,如果根本就没有分出胜负,他必定会失望。

一般来说,孩子在幼儿时期对"竞争"这两个字的意义并不了解。但是他们常常会相互比较与自己有关的事物,再加上外在因素的影响(如加油、鼓励),无形中会促进他们想要更尽力、表现得更好,间接地提升了他们的潜在能力。

当然,不管是孩子在团体生活里或是参加任何活动,让他享受参与其中的感觉,累积各种经验、创造自己,才是最重要的。我们不要把大人的价值观和对输赢的虚荣心,强加到孩子的身上,增加他们的心理负担。许多大人往往会提供孩子赢时的奖励,或输时的评语和责难,如此一来,大大影响孩子对输赢的评估。在大人"第一名才是最好、最棒的表现"的观念下,如果孩子的能力较差,一直得不到第一,那么,孩子的自信心会因此低落。如果孩子的能力好,从未品尝过落于人后的滋味,也会使他变得骄傲、自满、容易看轻别人,同时也往往因为输不起,而缺乏应变能力。

所以,在孩子刚刚开始认识这些观念时,希望大人能将自己的虚荣心减到最小,只要孩子"尽了力",不管结果怎样都应该给他由衷的赞美和鼓励。

孩子有他们的世界,在他们的眼中,自有其价值体系。在告诉孩子什么是值得争取的,应付出多少代价是合理竞争概念时,更应重视"互相"与"合作"的精神。父母是孩子的第一任老师,父母应该考量孩子的特质、观察彼此的互动,从生活中给孩子建立一个正确观念,让孩子能在快乐中成长。

在开始我们的课程之前,在家长们决定要让自己的孩子拥有健康的竞争意识之前,每一位家长都应该记住"小荷家园"在培养孩子竞争力方面的宗旨。

赞美和鼓励更重要

孩子的价值观是建立在周围最亲近的人、事和物上的,如果父母鼓励孩子尽力去做,而且事后又能赞美他,那么他对做任何事都会以积极的态度去处理。如果孩子常常被责怪或埋怨"为什么不努力一点",那么又何谈教导他积极进取呢?任何事只要尽了力,对自己而言,就是"赢"。因此,如果父母说:"我相信你会做得很好,我们给你加油。"我们一起说:"加油!加油!"这样比"努力一点儿,要不然会输"来得更具有鼓励效用。

提供具体行动机会让他自己去努力

竞争一定不好吗?它是不是具有积极的意义呢?学习如果没有竞争,缺乏模仿和刺激的对象,就会显现出人的本性——懒。我们"小荷家园"有个孩子刚来时才 3 岁,还不会自己脱裤子大小便,但在"小荷家园"的小朋友上厕所都自己脱裤子,于是他也模仿起来,学习自己脱了。学龄前幼儿仍生活在自我的世界里,与其不断地用言语刺激他,告诉他怎么跟别人比,还不如为其提供良好的学习环境,让他从无形的竞争中,养成具体的行动和信心。

通过互动,训练能力

和同年龄孩子一起玩难免会产生争执,像抢夺玩具或互相推倒对方是经常出现的,只要他们的争执不产生受伤的危险,就可以不去管他。因为在冲突过程中,自然会发展出一套解决的方法。有些父母会不明白"为什么孩子每次被欺负跑回家来,可是不久后又跑出去玩"。孩子即使被欺负,但还是喜欢跑出去,因为他们喜欢和其他的同伴玩,而在这些与小朋友相处互动中,孩子能了解到比自己更强、更敏捷的朋友,同时他也能评估自己的能力。

以正确的观念引导孩子

有些父母要求孩子要"比别人强""比别人棒"。在这样的要求之下,孩子的潜能可能被激发出来,也获得了预期的效果。可是如果孩子尽力地做,却得不到任何收获,甚至遭遇挫折,就可能会影响到他再去学习,甚至产生退缩、畏惧。

所以,我经常跟家长们说,可以适度把竞争的观念教给孩子,当作一种推动孩子去学习的原动力。但是,教给孩子的观念必须正确,我们应引导孩子走向能自我检讨、自我反省、自我竞争、尽力而为的境界,而不是投机取巧、不顾一切去取胜。

教孩子建立自尊和信心

"赢"这种正面的经验,是建立孩子自尊和自信的一种力量。然而,父母要有一个深切的认识,那就是我们对任何事的反应,都会深深地影响到孩子,为了避免在不知不觉中,把我们自己的一些价值观带给孩子,要常常留意自己的言行。在帮助孩子发展自我的过程中,别忘了先建立他的自信心,因为,信心是推动学习的源泉。

与孩子一同成长

你觉得竞争是必要的吗?竞争所付出的合理代价应为多少才是合理的?父母是孩子的学习榜样,你的价值观会影响你的教育方式,进而影响孩子的思考方向。在多方观察与了解之后,想想,哪一种孩子是你希望要的?影响孩子的因素很多,而孩子的个性差异也很大,在考量孩子的特质,观察彼此的互动后,调整一下自己的脚步,让孩子与你一同快乐地成长。

魔力悄悄话

我们应当知道,有竞争,就会有成功者和失败者。对成功者来说,当然是心情舒畅、满面春风、兴高采烈,他们付出的努力和辛勤劳动有了回报。对于失败者来说,关键是正确对待失败,不要从此就灰心丧气,愁容满面,抬不起头来,要有不甘落后的进取精神,总结教训,勇往直前。

成败输赢意味着什么

孩子大都喜欢和别人比赛,在"小荷家园"的门口,总能听到孩子们叽叽喳喳地对"接驾"的爸爸妈妈邀功请赏:"妈妈,今天我跑步得了第一名!""今天老师夸奖我的被子叠得最整齐。""爸爸,今天在班上我的积木堆得最高。"总之,孩子们差不多把每个小游戏都当成一较高下的比赛。竞争意识成了孩子的成长动力,当然也免不了有时让他们伤心。

孩子们为什么喜欢比来比去? 竞争带来的快乐与悲伤对他们小小的心灵来说到底意味着什么?

根据长期观察和总结,我发现,孩子从 3 岁左右开始,其竞争意识就日益强大起来,不断地和他人参照,不断地更改"参照系数"——评判标准,不断地用比较来评价别人和自己。孩子的竞争有时显得赤裸裸,甚至有点儿"残酷",但是这个年纪的竞争是本能的,也是不可或缺的。孩子在竞争中受益匪浅:学会评价自己和别人的能力;学会与他人相处(竞争也是人类交流的一种方式);学会面对压力;学会自信;学会应付失败和成功;学会自我展现等。

具体说来,竞争对孩子成长的意义主要表现在以下两个方面:

健康的竞争意识让孩子开始认识自己

孩子有一种本能,他们会不断和同龄小朋友较劲。从 3 岁左右开始,孩子就已经有一种自我意识,他会觉得自己可以做一些事情了。也是从这个时候开始,孩子会有自己的"预谋"和"策略",他要自己尝试一些新鲜事物。

与此同时,他会不断地跟自己或者别人进行比较——当然孩子有他自己的比较标准,在比较中确定自己的本事,自己的位置,最终知道自己到底能做什么。

在大人的眼里，孩子的标准有时候很奇特，不像成人世界那么"唯利是图"，他们会比赛绕着椅子转圈跑而不头晕；看谁最快把一个冰块含化了；比哪一个在手腕上画的手表更漂亮；看谁溅起的泥浆更多……这些比赛虽然无用，甚至有点"无聊"，但它们是孩子成长中的礼物。孩子们还会自制一些游戏规则，而这些规则有时会让父母惊叹。

与此同时，孩子们会依据竞争的结果进行自我评价，这种评价大约从4岁开始。对于孩子来说，大大小小的事情（包括游戏，吃喝拉撒等）只有成或败，赢或输，领先或者落后的结果。尽管所有的竞争中只有一个第一名，也必定有一个倒数第一名，但孩子们对竞争的相对性还是看不透，他们依然有一种什么都要比一比，试一试的愿望，并为结果或沾沾自喜，或沮丧。竞争中的"常胜将军"会积累自信，而"败军之将"则渐渐变得不够自信。

在这种情况下，父母需要给予一定的鼓励，或者予以疏导——你虽然在幼儿园跑步很慢，但是你的手工做得特别漂亮。

至于成败输赢到底意味着什么，孩子需要慢慢地消化。孩子理解的竞争大都和能力有关，属于一锤子定输赢的"竞争"，时间和学习对竞争的影响，孩子们需要很长时间才能理解。

健康的竞争意识有利于孩子集体意识的形成

对于大多数的独生子女而言，由于没有兄弟姐妹的比较，只能以父母为坐标测量自己。这样的孩子会又有两种比较极端的倾向。要么是我所有做的事情都很伟大，独一无二——我可以用五块积木盖一个塔楼啦！要么就是爸爸妈妈做什么都比我做得更好，他们可以用积木把塔楼盖成一米那么高，塔楼都不会掀翻在地——这无疑让孩子倍感挫败。只有在幼儿园里，孩子才开始对自己形成一个比较现实的认识，他可以遇到一堆个头差不多的同龄小朋友。现在可以比较一下：我堆积木堆得高，还是其他小朋友堆得高？别人能做到的是不是我也能做到？这时候，每个小朋友都成为一面镜子，可以帮助孩子更好地认识自己。正因为如此，我会经常组织"小荷家园"的孩子进行一些相关的游戏，而"小荷家园"的每一个孩子也都知道:自己能做到的,别人也能做到。也正因为明白这一点,所以他们在认识自己的同时,也能够认识到别人的"能力",由此有利于他们集体意识的初步形成。

当然如果事事竞争,时时竞争,就会过犹不及,压抑孩子的天性,导致偏执。

魔力悄悄话

竞争未必事事如意,除了自己主观努力外,还取决于社会环境、人际关系等多方面因素。即所谓"谋事在人,成事在天"。不过人最要紧的是要有远大的目标和拼搏精神。

我们生活在一个竞争的时代

之所以我们如此强调培养孩子竞争力的重要性,一方面是为了孩子的健康成长,而另一个重要的方面,是因为我们所面临的,是一个充满竞争的社会,缺乏竞争力就意味着失败。那么,今天的孩子到底面临着怎样的竞争局面呢?

成人早已对激烈的竞争熟视无睹了,因为每条路、每个行业都存在竞争。

在今天,失败还应该增加这样一个含义:虽然我们在兢兢业业地工作,但由于我们缺少竞争的能力,因而在竞争中被淘汰,也算是失败——缺乏竞争力而导致的失败。

时至今日,早已经没有人再认为只要考上了重点大学一切就万事大吉。考上重点大学,无非是更激烈竞争的开始。即使清华也只有50%的学生能被保送读研究生(原来是80%),其他的只能与全国的精英们去争取那十几比一的名额。

全国高校从1998年开始扩大招生。当时家长们很高兴,觉得上大学容易了,竞争不那么激烈了。但是,由于大学生数量增加,使得竞争出现在大学毕业之后。在近几年大学生毕业招聘会上,由于应聘的学生很多,出现了水涨船高的局面,很多单位对学生英语水平的要求从四级涨到六级,计算机水平的要求从北京二级涨到国家二级,同时还要求用英语写简历,用英语对话。

大量的事实足以体现:**上大学不是目的,它只是人生中的一个重要环节;上了大学不是竞争的结束,而是更激烈竞争的开始。**

谈到竞争必然要谈到考试。在今天,我们应该如何看待考试? 应该看到,考试不是错误,它是相对比较公正的一种竞争,而且短期内不会改变。因为我国人口多、生源多(每年北京十几万人、全国两千万人),所以就业竞争必然日益激烈(社会上的人才供需比例已达到3∶1)。

由于社会上暂时还未找到更好的人才选择方法,只能走凭文凭就业的路子,因此使得在社会招聘中,高薪属于高学历、"名校毕业生"的现象很普遍。

孩子从今天的学校生活,到将来走上工作岗位,要面临多次竞争、考试、排位。一些家长也有切身体会:四十多岁了还要参加一些培训考试。因此,考试是时时处处存在,不要总是消极面对。

反观现在的许多家长,天天看着孩子在桌子边苦读,心里像刀剜似的难受。有的家长就说:但凡有一点儿辙,也不能让宝贝受这个罪呀!他们幻想替孩子考试,幻想能让孩子"停下来多歇会儿",幻想给孩子创造一个条件,"让孩子能逃避考试该多好"。

来"小荷家园"的家长中,就有很多人有这样的想法。"没办法",是这些家长时常说的一句话。

孩子上幼儿园,有的家长对孩子说:宝贝儿,爸爸妈妈没办法,让你受罪去了,我们只能早点儿接你,让你少受点儿罪(我们在幼儿园门口,经常可以见到这样的情景:家长紧紧搂着孩子,孩子泪如雨下,哽咽着说:妈妈早点儿接我——狠心离别之时,孩子撕心裂肺地哭,家长则是满含眼泪,一步三回头……场景特别凄惨)。

好不容易熬到孩子上小学了,家长更是心疼孩子,对孩子说:爸爸妈妈没办法,让你受累去了,我们只能是多向有关部门呼吁反映,我的孩子学习负担太重,要求尽量"减负"。

孩子要参加考试,家长对孩子说:爸爸妈妈没办法要求教委取消考试,也不能进考场帮助你考试,只能让你受苦去了,我们只能在考试之前为你多买一些营养品,在考试时站在考场外给你加油鼓劲儿。

孩子大学毕业了,家长对孩子说:没办法,只能让你自己找工作,我们可以帮助你写简历、交简历,但是没办法代替你面试。

那么,孩子将来工作了,家长是否也要说一句,爸爸妈妈没办法,让你自己挣饭吃去了？

　　所以，身为家长，我们可以不让孩子那么早就变得争强好胜，但面临日益激烈的竞争，我们至少应该在潜移默化中培养孩子健康的竞争意识，让他们有能力应对今天正在发生和明天即将到来的竞争。

魔力悄悄话

　　竞争无所不在，压力也无处不存。只要你有所作为，只要别人对你有期望，你就会有压力，就要去竞争。有了压力，才会有动力。你就会进步！

教孩子正确的竞争观念

成成向来喜欢争强好胜,赢了得意扬扬,输了大发脾气。上大班后,他更爱事事占上风,总爱跟同伴比,从球踢得多远,到家里有多少玩具,都要胜人一筹。

那天爸爸妈妈带着他来"小荷家园",玩了一阵子后,他跑到我跟前,昂着小脑袋骄傲地说:"我换牙了,小强到现在还没换呢。"弄得我哭笑不得。

让成成父母感到矛盾的是,处处争强好胜固然不好,但在充满竞争的社会大环境中,孩子将来必然要为进入好的学校、参加各类竞赛活动而和同伴展开竞争,如果淡化孩子争强好胜的意识,会不会影响他将来在这个竞争社会中生存? 正是父母内心的这种矛盾,使他们无法给孩子明确的教导。

他们既想让儿子感觉轻松,体会到童年快乐,不必因为自己不是最棒的而焦虑,又想让儿子在竞争中通过努力而获得成功。成成的父母无法判断孩子应该具备怎样的竞争意识,是他们来"小荷家园"的原因。

我对他们提了几点建议。

要支持孩子的自我表现

竞争意识与自我意识紧密相连,清晰的自我意识是在与他人的比较之下才显现出来的。孩子处于自我意识发展的关键期,为了发展自我的个人心理,需要拥有与别人区分开的、独特的、私有的经验,从而显示出自己的独立人格。

为了在不同对象面前表现自己,孩子需要了解自己的言行将会如何影响自己在别人眼里的形象。竞争意识的萌芽,正是孩子自我意识发展的重

要表现,家长应及时予以支持和正确引导。

培养和发展孩子的个性

有些孩子需要竞争的刺激才能把潜能充分发挥出来,如果把握正确,竞争意识可以成为孩子尽力把事情做好的动力。心理学研究表明,个性与竞争能力紧密联系,具有良好个性的孩子,对待竞争问题会更理智、更积极。家长要从孩子本身的性格特点和兴趣特长出发,培养孩子完善的人格,使其具备更强的竞争能力。

端正孩子竞争的心态

如果家长对孩子竞争欲望过强感到忧虑,应该先帮孩子端正心态,要让孩子明白竞争是展示自身实力的机会,是件好事,要用从容的心态看待超越和被超越,不应充满妒忌和愤懑。而参与竞争的意义之一,就是学会有风度地接受失败,并且诚心实意地祝福对手。告诉孩子,在竞争中得到胜利固然值得骄傲,但和同伴之间的团结协作的精神,也是现代生活中不可或缺的品质。家长用自身行动作出良好的示范,孩子自然会感同身受。

争强好胜要有度

有个家长告诉我,说她女儿的班上实行小红花制度,做了好事、考试得第一、比赛取得好成绩,老师都会给孩子在班级墙上的先进榜上盖一朵小红花。女儿告诉她,同学们为了得到小红花,甚至交给老师自己的零花钱说是捡来的。

争强好胜长期以来被人们视为一种不屈不挠的斗志和一种积极向上的奋斗精神。然而,如果像上边这个案例中的那样,反而会导致孩子弄虚作假。

一味地争强好胜有很多坏处:

1. 容易养成嫉妒心理。不能看见别人比自己更好,当嫉妒心将灵魂扭曲的时候,就会使出浑身解数去破坏,诋毁别人的成绩。

2. 容易对自己期望过高, 以致在心理和生理上形成压力和负担。孩子被顽强的意志力所驱使, 抱着只能成功, 不能失败的信念, 并为之付出一切, 这样会使自己活得很累。另外, 当他们遭受失败时, 受到的打击会比其他人大得多。

3. 好胜与固执是联系在一起的, 过分好胜的人都有一种偏执倾向, 爱面子、自我、虚荣心强、不接受别人的意见, 常会因为小事与人争吵, 也容易引起别人的反感而不容易交到朋友。

争强好胜的人个性特别好强, 决不能落后于别人, 发现有价值的东西决不放弃, 学到新东西如获至宝。对于他们来说成功只是时间问题。但过分好强是有害处的。我内心来讲, 也希望孩子什么都拿第一, 什么都做一流, 但我更希望的是孩子能健康快乐, 正所谓"退一步, 海阔天空"! 平时我也是要求孩子做好自己应做的事, 不要老和别人比, 因为有句老话, 叫人比人气死人。

因此, 我对家长们说, 应当适时告诉孩子: **一个人不能没有竞争意识, 要肯定孩子的上进心, 但如果凡事都争强好胜, 就会疲惫不堪, 甚至有可能形成一种虚荣心理。**作为家长, 要让孩子保持一颗平常心, 不要给孩子施加太大的压力, 告诉孩子努力就好。特别是有些孩子性格过于外向, 容易引起其他同学的反感, 被人评价为"爱出风头", 也不利于孩子的人际交往。要教育孩子经常保持谦虚的态度, 这样会更受别人的尊敬和欢迎。

魔力悄悄话

一定的竞争可以激励我们, 让我们向着自己心中的目标努力奋斗。同时有竞争才有进步。只有启程, 才会到达理想的目的地; 只有播种, 才会有收获; 只有竞争, 才能脱颖而出, 更好地实现人生价值。

忌妒是竞争的恶瘤

培根说,在人类的一切情欲中,嫉妒之情恐怕要算作最顽强,最持久的。所以古人曾说过:"嫉妒是不懂休息的。"同时还有人观察过,与其他感情相比,只有爱情与嫉妒是最能令人消瘦的。这是因为没有什么能比爱与妒更具有持久的消耗力。而相对于爱来说,嫉妒是一种卑劣的情感,所以我们千万不能在孩子幼小的心灵里埋下忌妒的种子。

看过《三国演义》的人都知道,东吴大都督周瑜具有大将之才,文韬武略,运筹帷幄。赤壁之战,一举歼灭曹军83万人马,使曹操败走华容道。然而,这位显赫一时的英雄却无大将度量,心胸狭小,对才能高过自己的诸葛亮耿耿于怀,并屡次设计暗算,却被诸葛亮一一识破。最终落得个"赔了夫人又折兵"。在诸葛亮"三气"之下,周瑜终于恼羞成怒,吐血而亡。

周瑜为什么要屡次加害诸葛亮呢?其原因就在于他嫉妒诸葛亮的才智。他生前曾多次出难题想置诸葛亮于死地,可都被诸葛亮识破并化解了。周瑜经常叹息:既生瑜,何生亮! 这种嫉妒心理越来越强,以致他积郁成疾,结果命丧黄泉,落得世人耻笑。

周瑜的英年早逝使每一个人都很心痛,至于别人联想到什么,我无从知道。但我经常对家长们说,切不要让你的孩子骑上嫉妒这匹马,它将把他摔向万丈深渊! 世界上最狭小的莫过于嫉妒者的心胸,它容不得别人的一丁点儿优点。有些人看到别人比自己的荣誉多,成绩比自己高,就妒火中烧烦躁不安,甚至无中生有对别人进行诋毁,结果总是以自己的身败名裂为代价。嫉妒,这个无形的恶魔,葬送了多少人美好的前程,使原本绚丽的青春黯然失色!

有的人就是因为嫉妒朋友的才能、荣誉而导致友情疏远。试想一下:

一个人一生一世一个朋友也没有,那将是件多么可悲的事呀!那样的话,生活就像一副苦涩的中药一样,没有香甜的气味,没有可口的味道,令人难以下咽。

现在,让我们来深入分析一下嫉妒的表现和特征:

"嫉妒"孩子的表现

生活中,喜欢嫉妒的孩子其嫉妒范围很广,表现形式也多种多样,归纳起来主要有如下几种情形。

不能容忍身边亲近的大人疼爱别的孩子。孩子最初的嫉妒总是与自己的爸爸妈妈等身边亲近的人有关,当大人们疼爱别的孩子时,往往会表现出不满、哭闹、反叛等,有的甚至会出现一些倒退行为,如故意尿湿裤子,故意做出比自己实际年龄幼稚的行为,以期引起大人们的注意。

对获得父母、老师等表扬的其他的孩子怀有敌对情绪。当别的孩子受到了父母、老师表扬时,往往表现得不高兴、不服气,认为自己不比受表扬的孩子差,有的还会当面揭发受表扬孩子的缺点或不足之处,尽管有些事实甚至是与其他孩子的受表扬无任何关联性,如"他的爸爸是个拉三轮车的"等。

对拥有比自己玩具、用品、零食多而又不和自己共享的伙伴进行排斥。一般情况下,孩子都很喜爱和拥有很多玩具、用品、零食多的同伴在一起玩,因为他们可以从中得到益处。但当同伴们不将自己拥有的东西与他们分享时,他们往往就会表现出嫉妒情绪,如损坏同伴的玩具、孤立同伴等。

"嫉妒"孩子的心理特征

一般说来,孩子的嫉妒有着独特的心理特征。成人往往会考虑各种因素而尽量掩饰自己的嫉妒心理,而孩子一般会通过具体的言行直率地表露自己的嫉妒情绪,他们通常不会考虑自己的嫉妒是否会引起别人对自己的不良评价等后果,此特点可以帮助父母老师及时发现孩子的嫉妒。

那么,如果孩子出现了嫉妒心理,爸爸妈妈应该怎么办呢?

在"小荷家园",我告诉家长们,其实,孩子的嫉妒心理是完全可以化解的。孩子出现了嫉妒心理,爸爸妈妈首先应该弄清孩子嫉妒的起因。受认识水平的局限,儿童对他人拥有而自己不具备或无法拥有的东西,往往会产生一种由羡慕转化为嫉妒的心理，这其实是很正常的情况。父母平时应多和孩子接触，及时掌握孩子产生嫉妒的直接起因，如伟伟会唱一首我不会唱的歌，伟伟还有一辆新玩具车等。只有了解了孩子嫉妒的起因，才能从具体事情着手解决孩子的嫉妒心理。这是化解孩子嫉妒心理的前提。父母帮助孩子提高自我认知水平，发展孩子的内省智能，是克服嫉妒心理的基本途径之一。其实，如果父母平时就能做到这一点，等于是在给孩子的嫉妒心理打预防针。

　　我还告诉家长们，让你的孩子摈弃强烈的虚荣心，引导孩子去做有美德的人，埋头于自己的学业，那么他就不会去嫉妒别人，也不会被他人嫉妒。你可以告诉你的孩子，山外有山，人外有人，你可以说自己是班里最好的，但不能说自己是全国、全世界最好的，所以要努力去让自己变得更优秀；同样，你可以说自己是班里最差的，但不能证明你是全国最差的，所以还是要努力让自己去进步，用能力和实力说话。佛教有一句话很有意思："随喜功德。"意思是你做不到，但是别人做到了，你同样可以跟别人一起欢喜。

魔力悄悄话

　　竞争，是一种愉悦世界的领先意志。竞争，是生命世界出生的宪法，是文明世界赖以诞生、存在、发展的内在驱动力。

第三章
智力让竞争力不打折

　　培养智力因素,可以提高孩子的竞争力,生活中,经常有孩子被骂做"笨手笨脚",似乎他们确实比聪明孩子反应迟钝。面对老师、家长的责备,他们越来越自卑,越来越沮丧。但是,他们真的是天生愚笨吗?不一定。孩子智力的开发有早有晚,聪明与不聪明是会互相转变的,古今中外有许多幼年时智力平平者,长大之后却成为杰出的人才。

　　正所谓:"人人有才,人无全才,教育得法,皆能成才。"所以我们要用正确的方法激发孩子的积极性和创造性,聪明才智才不会大打折扣。

测出孩子的智力

孩子的智力存在着差异,为了确定什么样的训练对某个孩子特别适合,需要有一种办法来测量孩子的智力。

一般来说,智力测验要由专家进行,否则难以作出正确评定或给予恰当分数。智力测验主要是从语言能力、幽默感、记忆力、高级思维能力、注意力、早熟情况、社会成熟情况、好奇心等方面,对孩子进行评价。如父母想大致了解下孩子的智力发展水平,可以从以上的那些方面对孩子进行观察,根据观察结果初步判断孩子的发展水平。

语言能力:观察孩子的语言表达水平,看他是否很早就能准确使用复杂的词汇,是否很小的时候就能生动详尽地重述故事和事件。

幽默感:观察孩子是否有很强的幽默感,是否比他的小朋友更有洞察力,是否能体会某个情景中很微妙的幽默。

记忆力:观察孩子记忆力是否很好,是否能记住大量的、不同的信息,是否有广泛、变化的兴趣。

高级思维能力:观察孩子是否有较强的探索和解决问题的能力,是否具有对复杂的概念的理解能力,是否有分析事物关系的能力,是否能进行抽象和归纳,是否能提出创造性的相关方案,是否有很强的进行批评和自我批评性思维的能力。

注意力:观察孩子是否比同龄人更能专心致志,能更长时间地集中注意力,是否始终坚持行为方向和目标,是否经常能高度集中精力。

早熟情况:观察孩子是否在身体、智力方面早熟,较早地学会走路、谈话和阅读,是否在某个方面(如音乐)表现出特别的兴趣或潜力。

社交成熟情况:观察孩子是否倾向于跟大孩子和成人交往,还有是否

他的社会交往情况比你预期的要成熟。

　　好奇心：观察孩子是否有执着精神，是否经常有很多问题，是否提出的问题逻辑性很强并喜欢刨根问底，是否有敏锐的观察力，以及是否要求更快地学习。

魔力悄悄话

　　竞争，首先是对自我的消极状态的一种大刀阔斧的解脱！缺乏自信心的人，谈不上竞争意识缺乏崇高目标的人，也难以坚持卓越的竞争状态。

人间没有笨小孩

"你怎么这么笨,别人能考前三名,你怎么就考不到呢? 难道你是猪脑子吗?"经常听到父母这样批评自己的孩子。

许多父母喜欢用自己的孩子与别人的孩子比较,总觉得人家的孩子喜欢学习,自己的孩子怎么就不喜欢? 人家的孩子数学好,自己的孩子怎么就那么差?

这样的思维方式,很明显是忽略了人与人之间的差异。其实,差异是永远存在的,只有先承认了差异,才能按照自己的不同情况培养孩子。

所谓"世界上没有两片相同的树叶",每个孩子都是独一无二的,身为父母的我们又怎能轻易给孩子贴上"笨"的标签呢?

有一些被父母骂做"笨手笨脚"的孩子,他们在某些方面确实比别的孩子反应迟钝。

这些孩子上学以后往往出现这样的问题:明明很用功,起得比别人早,睡得比别人晚,可成绩就是上不去。

面对老师、家长的责备,他们越来越自卑,越来越沮丧。但是,他们真的是天生愚笨吗? 不一定。这些孩子之所以显得"笨",大多数是人们的错觉,但对错觉习以为常,就成了一种心理暗示,对孩子的身心健康危害甚大。

某教育机构的研究人员曾做过这样一个实验:他们从一家学校的学生名单中随意抽取出几个人交给校方,并告诉校方,他们通过一项测试发现,名单上所列的都是天才学生,只不过尚未在学习中表现出来。有趣的是,在期末测试中,这些学生的学习成绩的确比其他学生高出很多。

研究者认为,这是由于教师期望的影响而产生的结果。由于教师认为这个学生是天才,因而寄予他更大的期望,在上课时给予他更多的关注,通过各种方式向他传达"你很优秀"的信息,学生感受到教师的关注,因而产生一种激励作用,学习时加倍努力,因而取得了好成绩。

与此实验相反,对少年犯罪的研究表明,许多孩子成为少年犯的原因之一,就在于不良期望的影响。他们因为在小时候偶尔犯过的错误而被贴上了"不良少年"的标签,在这种消极的期望引导下,他们也越来越相信自己就是"不良少年",最终走向犯罪的深渊。

由此可见,积极期望对人的行为的影响有多大,消极的不良期望对人行为的影响也不容置疑。

作为家长,不论对孩子抱有怎样的期望,都不能因自己的期望没有或不可能得以实现就给孩子贴上"笨"的标签。

聪明的家长是绝对不会给孩子贴上"笨"的标签的,他们在教育孩子时,一定会注意培养孩子的创造力,发展孩子的兴趣与爱好。

西晋著名文学家左思的成长经历就充分证明了这一点。左思小的时候,他的父亲一心想把他培养成为一名书法家。可是,左思对书法毫无兴趣,因此学起来并不起劲儿。但他的父亲没有按照自己的想法一意孤行,又让左思改学鼓琴,可是左思学了很长时间也弹不出一首像样的曲子来。

后来,父亲发现自己的教育有问题,而经过认真观察,他最终发现左思是一位不善于交际的孩子,但记忆力好,爱读诗背词。于是,他决定培养儿子的这种爱好和兴趣,让左思学习诗词歌赋。结果,左思长大后声名远扬,在当时的文学界取得了非凡的成就。

强迫孩子去学或做某些事是不会有什么大的收获的,因为孩子对此并没有什么兴趣,没有兴趣当然也就学不好、做不好。

自己的孩子看起来比其他的孩子"笨",你内心也许会有些失望,不想花过多的时间去过问孩子,这样做也不妥,因为孩子毕竟还小,需要家长的精心培养。

当你发现孩子有了微小的进步时,应及时进行语言鼓励,不要因为孩子进步不大,而不予理睬或对孩子失去信心。当然,如果孩子犯了错误或做了错事,父母应该批评,但要注意批评的方式,这很重要,不要去伤害孩子的自尊心和自信心,因为孩子一旦没有了自尊或自信,做起事情来就会变得束手束脚。

魔力悄悄话

有益的竞争,像百舸争流于人类文明的长河;有益的竞争,像百花各自独放自己的异彩;有益的竞争,像大旱时人人争相化为清泉;有益的竞争,像天倾时人人争相勇当共工。

你的方法对了吗

来"小荷家园"咨询的家长,有些认为自己的孩子是"问题孩子"。可是我发现,很多时候孩子本身并没有问题,而是家长出了问题。

小晴晴是个活泼好动的小女孩。她在很多方面都很出色,可就是不爱学习。她妈妈很自然地觉得自己的孩子出了"问题",所以带着孩子来咨询。

雨欣是个稳重的女孩,做事很踏实,可在班里的排名基本上都在倒数第几的位置上。她爸爸急得跟热锅上的蚂蚁似的,想了很多办法可孩子的成绩就是提不上去。最终,爸爸觉得雨欣脑子有"问题",所以带着孩子来咨询。

基本上每天都有这样的家长出现在"小荷家园"。面对这些心急如焚的家长,我给他们的忠告是——没有笨孩子,只有笨方法。在这里,我向家长们推荐一个行之有效的教育方法——"个性化教育"。

所谓的个性化教育,是针对当前基础教育中存在的统一化、标准化的传统教育倾向而提出的以适应孩子个性发展的需要,促进孩子个性发展的教育模式,其内涵是按每个孩子不同的兴趣、能力、素质和性格特点,因人制宜,因材施教,使每个孩子的个性心理品质和意识倾向在原有的基础上和可能的发展水平上,获得长足的进步,使孩子在思想品德、智力水平、劳动习惯和身心素质等方面得到生动活泼的发展,并形成自己的个性特长。

苏联著名教育家苏霍姆林斯基说:"教育工作的实践使我们深信,每个学生的个性都是不同的,而要完成培养一代新人的任务,首先要开发每个学生的这种差异性、独立性和创造性。"孩子就像那稚嫩的幼苗,需要家长和老师的精心栽培。幼苗所需要的生长条件是不同的,就像柳树需要生长在水旁,松树却可以生长在岩石中一样。每个孩子因为成长环境以及自身的原因,有着不同的学习风格,水平也参差不齐。那么,因材施教,进行个性化教育就成为必要。

目前,因为应试制度的存在和大班化教育的现状,大多数学校实行个性化教育还只是停留在口号上,而家庭中因家长面对的只是一个孩子,所以有利于因材施教,实行个性化教育。

要进行个性化家庭教育,父母必须对孩子有一个清醒的认识,了解自己孩子的个性,然后根据自己孩子的个性决定教育方法。具体的问题具体分析,因势利导地培养孩子良好的学习习惯,发挥孩子独特的学习优势。千万别将孩子的学习优势当成了缺陷而将它给磨掉。那样孩子就将失去他原有的灵性,孩子的求知欲、学习的主动性将消失殆尽,能够培养出一个高分低能的学习机器就算是很幸运的了。

那么,家长如何对孩子实行个性化教育呢?

要尊重孩子的身心发育规律,不要拔苗助长。

如果孩子不适合做奥数题,就别强逼孩子去学,因为如果孩子跟不上,就容易打击孩子的自信心,使孩子对学习产生畏惧心理。要注意让孩子置身于水平相当的学习环境中,这样有利于激发孩子的竞争意识,既不至于因同伴太优秀而产生压抑和失落感,也不至于因同伴太差而懈怠。

不要总是拿自己孩子的短处和别人孩子的长处比。

要善于发现孩子的闪光点,适时、适度地肯定孩子的长处。因为每个人都有各自的长处和短处,比如说有的孩子聪明活泼、兴趣广泛,但不够刻苦,而有的孩子稳重刻苦,做作业一丝不苟,却没有掌握好的学习方法;有的人文科好,有的人理科强。关键是父母要有一双善于发现的慧眼。对孩子的考试成绩要全面客观地进行评价,根据具体情况制定个性化的学习方案。

要有灵活的教育机制,允许孩子选择适合自己的学习方式。

每个孩子喜欢的学习方式是不同的,有的孩子喜欢通过讨论强化自己的知识,也有的孩子喜欢独立学习,静静思考;有的孩子喜欢通过构词法来帮助记忆英语单词,而有的同学则善于通过阅读增加词汇量。

要掌握孩子的心理特点,找准切入点引导孩子。

喜欢追星的孩子,可通过给他们讲解明星们是如何成功的,以激发孩子积极上进之心;对个性强、自制力也相应强点的孩子,可让他们自己制定相关规则,这样,孩子觉得受到了尊重,就能自觉地遵守了;对于自控能力相对较弱,但喜欢"戴高帽",也相对比较听话的孩子,则可用表扬与惩罚相结合的方式,给予适度的监督,以养成孩子良好的习惯。

魔力悄悄话

未来的社会崇尚竞争。尊崇超越,不论你是否情愿,一切缺乏竞争意识和超越式生活态度的人,都将被围困于生存环境"无能为力"的"该下",而丧失其生存的价值与活力。

做事有计划

有本杂志上刊登过一个故事。

有一个商人，在小镇上做了十几年的生意，到后来，他竟然失败了。当一位债主跑来向他要债的时候，这位可怜的商人正在思考他失败的原因。

商人问债主："我为什么会失败呢？难道是我对顾客不热情、不客气吗？"

债主说："也许事情并没有你想象的那么可怕，你不是还有许多资产吗？你完全可以再从头做起！"

"什么？再从头做起？"商人有些生气。

"是的，你应该把你目前经营的情况列在一张资产负债表上，好好清算一下，然后再从头做起。"债主好意劝道。

"你的意思是要我把所有的资产和负债项目详细核算一下，列出一张表格吗？是要把门面、地板、桌椅、橱柜、窗户都重新洗刷、油漆一下，重新开张吗？"商人有些纳闷。

"是的，你现在最需要的就是按你的计划去办事。"债主坚定地说道。

"事实上，这些事情我早在15年前就想做了，但是一直没有去做。也许你说的是对的。"商人喃喃自语道。后来，他确实按债主的主意去做了，在晚年的时候，他的生意成功了！

做事没有计划、没有条理的人，无论从事哪一行都不会很出色。一个在商界颇有名气的经纪人把"做事没有条理"列为许多公司失败的一个重要原因。事实上，做事有计划对于一个人来说，不仅是一种做事的习惯，更重要的是反映了他的做事态度,是能否取得成就的重要因素。

许多孩子都有早晨起床找不到学习用品或者生活用品的现象,这便是做事缺乏计划性和条理性的坏习惯。做事情缺乏条理、没有计划是儿童时期的一种自然反应,但是,如果父母不注意引导,孩子们往往会养成不良的习惯,从而给一生带来麻烦。

对于孩子来说,做事有计划是非常重要的。它可以帮助孩子有条不紊地处理应该处理的事情而不会手忙脚乱。做事没有条理的人,不能很好地料理自己的生活,也无法很好地进行学习和工作。

那么,怎样培养孩子做事有计划的好习惯呢?

1. 给孩子做榜样

在日常生活中,父母做事一定要有条理、有计划。比如,家里要整理得井井有条,东西不要乱放,看完的书要放回原处,衣柜里的衣服要分类摆放等,这些细小的行为都可以影响孩子养成做事有条理的好习惯。当然,让孩子养成做事有条理的习惯不是一朝一夕的事,需要家长的耐心和恒心,还要善于抓住教育的契机进行适时引导。

2. 引导孩子向做事有条理的人学习

许多孩子做事没有条理,又认识不到其危害性。此时父母可以用孩子身边的实例,引导孩子向做事有条理的人学习。

3. 教孩子作计划。要让孩子做事有计划,父母可以给孩子作出示范

具体做法是,把自己的计划告诉孩子,并且征求孩子的意见,让孩子参与计划。比如,在周末的清晨,可以这样对孩子说:"今天我想好好安排我们的生活,吃完早饭后,我们到公园去看花展,然后回来吃午饭,午饭后你小睡一会,1点钟我们去少年宫学画画,3点我带你去海洋馆,回来后,你要写一篇一天的见闻,你觉得这样安排好不好?"这种示范不仅可以帮助孩子理解计划的重要性,而且,可以使孩子学着去安排自己的事情。

4. 让孩子按计划办事

当计划制订了以后,要教育孩子必须按计划办事,不能半途而废。对幼儿园的孩子来讲,父母应该要求他们在玩的时候自己把玩具拿出来,玩完以后自己收好;对小学生来说,就要要求他们看书做作业的时候要认真,写完以后才能去玩;对于中学生来说,应该要求做事有责任心,自己把握做事的进度。

5. 教孩子按规律做事

引导孩子计划周密,学会有条理、有理智地生活,都离不开科学的态度。也就是说,要遵循客观规律,而不能冲动蛮干乱计划。

开发孩子的智能

人类的脑细胞数目大约有 160 亿个之多,这个数目在人一出生时就已经固定,并且一生不会再增加。不过,在人出生后的头几年内,脑的重量、体积却会与支持它活动的血管及血液量,一起以极快的速度不断地加多;细胞与细胞之间也会因外界刺激的日渐增多而不断地生成、发展,分化出许多像 IC 板上联络网一样的神经纤维通路,用以应付日后更复杂的吸收。

1776 年,在德国哥廷根大学,有一个 19 岁的学生,每天要做老师布置的三道数学题。有一天,他顺利做完了前面的两道题,可是第三道题,他做得非常吃力,这道题的要求是:只用圆规和一把没有刻度的直尺,画出一个正 17 边形。他用尽所学知识而毫无进展。于是他尝试用超常规的方法解开了这道数学题。第二天,他把答案交给了导师,导师看过后,非常惊奇,问道:"这是你做出来的吗?"他说:"是我用了一个通宵做出来的。"导师激动地喊道:"你解开了一个有两千多年历史的数学悬案!"原来导师误把这道自己一直试图解开的题交给了这个学生,这个学生就是高斯。

其实,不仅仅是高斯,每一个孩子都与生俱来拥有一个神秘的宝藏,这就是他们的天赋才能。即使医学上认为弱智的儿童也不例外。

卡尔·威特的儿子 8 岁时能够自由运用六种语言(德语、法语、意大利语、拉丁语、英语和希腊语),并且通晓化学、动物学、植物学和物理学,尤为擅长的是数学。9 岁时考入莱比锡大学,11 岁时发表了关于螺旋线的论文,13 岁他出版了《三角术》一书,并且由于提供的数学论文卓尔不群,被授予哲学博士学位。而这个成功的孩子,却是个先天不足的孩子。正是卡尔·威特成功地开发了这个先天不足的孩子的大脑潜能,才能让这个孩子创造了奇迹。

孩子的天赋才能是潜藏在孩子大脑里的宝藏,可是,如果这个宝藏从未被开采,一直处于休眠状态,那么他只能度过平庸的一生。

那么,如何开发孩子的智能呢?

创造开放温馨的环境

为孩子创造一个开放而温馨的学习环境,这是开发孩子智能的一个可行之道。因为,开放的环境,使孩子能够接触较多的东西;而温馨的环境,又可以解除孩子过多的焦虑和压力。孩子在身心安全、和谐温馨的环境里往往头脑变得更灵活。

给孩子提供广泛的机会

父母要想开发孩子的天赋,最重要的一条就是要让孩子接触各式各样的知识,鼓励孩子参与广泛的活动,积极地表现自己的才能。因为很难说孩子的天赋在哪儿,所以如果不给他们提供广泛的机会,他们就无法表现出来。现在有的父母把孩子一天到晚关在家里做作业,也就是把孩子表现天赋的大门给关上了,只留下一条路一从书本和做题中获得知识,而这条路未必是孩子的最佳成才之路。因此,父母应该给孩子提供各种机会,留心观察孩子显露出来的才能。孩子的天赋往往表现在他们最感兴趣、最专注、最擅长的领域。所以应该给孩子创造条件,鼓励他们将自己的天赋发挥到极致。

顺应孩子才能的方向进行培养

每个孩子身上都蕴藏着不可估量的潜能,父母要善于发现这种潜能并积极进行引导,只有顺应孩子才能的方向进行培养,就能达到事半功倍的效果。如果不能开发每个孩子的潜能,那就是父母教育的失职和悲哀。

从理论上来说,挖掘孩子的优势潜能是"补强法则"的一种体现。"补强法则"是美国加州大学的哲学博士多伯森提出来的。他以哲学家的眼光,根据美国家庭教育和中小学教育的经验和教训提出:当一个人的行为取得满意的结果时,这种行为就会反复出现。比如,有个小女孩穿了一件漂亮的裙子,周围的小朋友都说她穿的裙子好看,那么,她就会喜欢穿这条裙子。

其实,这种强化的动因来自周围人的尊重和赞赏,使主体自身产生了一种愉悦和自豪的体验,而这种体验就会让孩子获得自尊和自信。在家庭教育中一个不可忽视的途径就是父母要给每个孩子表现能力的机会,让他们都尝到成功者的喜悦,以此获得自信。

总之,不管哪个孩子,必然会有一些特殊的才能,只要父母善于开发,孩子的潜能就一定能够被挖掘出来。

魔力悄悄话

有人的地方就有竞争。竞争往往体现在资源占有,现实利益分配,以及对未来发展空间的争夺上。竞争是为了发展。竞争的方式是对资源的更多占有、更多利用和更好利用。竞争比的是付出。付出什么。付出多少。付出结构。如何付出。没有付出,就不会形成竞争。有预期才有竞争。可以说,竞争是预期的产物。

阅读为孩子的心灵插上翅膀

著名历史学家麦考莱曾给一个小女孩写信说："如果有人要我当最伟大的国王，一辈子住在宫殿里，有花园、佳肴、美酒、大马车、华丽的衣服和成百的仆人，条件是我不读书，那么我决不当国王。我宁愿做一个穷人，住在藏书很多的阁楼里，也不愿当一位不爱读书的国王。"阅读对于一个人来说是非常重要的。正如爱迪生所说："**读书之于思想犹如运动之于身体，运动使人健壮，读书使人贤达。**"高尔基说："我读的书愈多，书籍就使我同世界愈来愈接近，生活对于我也就变得更加光明，更有意义……几乎每一本书都轻轻地发出一种声音，扣人心弦，使人激动，把人吸引到奇妙的地方去。"因此，高尔基发出这样的呼吁："热爱书籍吧，书籍能帮助你们生活，能像朋友一样帮助你们在那使人眼花缭乱的思想感情和事件中理出一个头绪来，它能教会你们去尊重别人，也尊重自己，它将以热爱世界、热爱人的感情来鼓舞你们的智慧和心灵。"

基于阅读对人的重要影响，父母一定要注重培养孩子的阅读习惯。我国童话大王郑渊洁说："在我小时候，父亲就当着我看书，他使我养成了一个阅读的习惯，这个阅读实在是一个好习惯。你养成一个阅读的习惯，不管什么时候都喜欢看书、看报纸、看刊物，或者包括现在的在网上阅读，这是一个非常好的习惯。"如今由于电视和网络的影响，孩子们降低了对阅读的兴趣。事实上，这是一种不好的现象。缺乏阅读，使孩子无法深入去理解一些问题从而缺乏深刻的思考能力，也缺少广博的知识。因此，父母要加强培养孩子阅读的习惯。在现实生活中，有一些父母对孩子读书寄予过高的期望，过于功利。所以，在读书的问题上特别容易与孩子发生冲突。比如，孩子总喜欢看轻松的卡通书，而父母则希望他们看有教育意义的书。

要解决这一问题,我们要做的第一件事,就是降低对孩子读书的期望值。然后,再引导孩子们阅读。父母可以从孩子的认知特点出发,帮助孩子选择图书。教育心理学家认为,不同年龄的孩子阅读能力有差异。3岁以前的孩子大多爱看色彩艳丽、形象逼真的动物或物品的图画书;3—6岁的孩子爱看童话、幻想故事以及有关动物、日常生活行为的图画书;7—10岁的孩子爱看有一定情节的神话、童话及令人惊奇、富于冒险性的图书;10—13岁的孩子爱看富于幻想、探险、神秘色彩的图书;14—16岁孩子的阅读倾向于思维、发明、论证、推理及人物传记类图书。父母在为孩子选择图书时,应该注意循序渐进,并对具体的图书种类加以鉴别和选择。

魔力悄悄话

有时候,合作是为了竞争。单枪匹马力量太小。有着共同利益的人就会合作,并以此增强竞争力。竞争有着很强的动机。并与意志紧密地捆绑。

自我反省完善人生

一个人之所以能够不断地进步，在于他能够不断地自我反省，找到自己的缺点或者做得不好的地方，然后不断改正，以追求完美的态度去做事，从而取得一个又一个的成功。英国著名小说家狄更斯的作品是非常出色的。但是，他对自己却有一个规定，那就是没有认真检查过的内容，绝不轻易地读给公众听。每天，狄更斯会把写好的内容读一遍，每天去发现问题，然后不断改正，最后才读给公众听。

与此相同的是，法国小说家巴尔扎克也会在写完小说后，花上一段时间不断修改，直到最后定稿。这一过程往往需要花费几个月甚至几年的时间。正是这种不断自我反省、自我修正的态度，让这两位作家取得了非凡的成就。

曾子说："我每天多次自我反省：为别人办事是不是尽心竭力了？和朋友交往是不是做到诚实了？老师传授的学业是不是复习了？"孔子认为曾子能够继承自己的事业，所以特别注重传授学业于他。

事实上，每个人在做事的时候都要持有自我反省、自我修正的态度，并以不断的追求去实现自己美好的愿望。一个善于自我反省的人，往往能够发现自己的优点和缺点，并能够扬长避短，发挥自己的最大潜能；而一个不善于自我反省的人，则会一次又一次地犯同一些错误，不能很好地发挥自己的能力。

有一位小伙子，大学毕业后进入一家非常普通的公司工作。公司安排新员工从基层做起。其他新员工都在抱怨："为什么让我们做这些无聊的工作？做这种平凡的工作会有什么希望呢？"这位小伙子却什么都没说，他每天都认认真真地去做每一件领导交给的工作，而且还帮助其他员工去做一些最基础、最累的工作。由于他的态度端正，做事情往往又快又好。

更难能可贵的是，小伙子是个非常有心的人，他对自己的工作有一个详细的记录，做什么事情出现问题，他都记录下来；然后，他就很虚心地去请教老员工，由于他的态度和人缘都很好，大家也非常乐于教他。经过一年的磨炼，小伙子掌握了基层的全部工作要领，很快，他就被提拔为车间主任；又过了一年，他就成了部门的经理。而与他一起进去的其他员工，却还在基层抱怨着。

每个人都会做一些平凡的事情，包括平凡的工作。这时候，如果只抱怨他人或环境，他就不可能认真去做这件事，也就不可能取得成功。如果一个人愿意把自己放在一个平凡的岗位上，以自我为改变的关键，不断反省自己，找到更好的方法，成功就一定等着他。教孩子学会自我反省也是这样。

自我反省是孩子成长的一个秘诀。一个不会自我反省的孩子永远也长不大。孩子通过反省及时修正错误，不断地调整精神信息系统接受信号的灵敏度和准确度，以确保信息系统不出现紊乱。学会自我反省的孩子，就等于掌握了自我完善和健康成长的秘诀。

魔力悄悄话

竞争不是盲目的，需要有核心资源优势的依托。竞争的成熟和充分，使得什么事都不那么容易。不可能轻轻易易地成功。可行性研究如果不把这点考虑进去，那不是愚钝就是别有用心。

拥有优势思维

有这样一道智力题：晚上，一个房间里点燃了五支蜡烛，被吹灭了一支，问第二天早上还剩几支蜡烛？很多孩子稍许思考，便会给出答案：剩下一支，即被吹灭的那支蜡烛。的确孩子的回答没有错，多数父母对这样的答案往往也不会有什么疑义。而事实上，虽然这类问题乍一看只有一个标准答案，但如果经过多向思维，会发现其实还有许多其他正确的答案。可见，这里存在一个父母是不是重视孩子思维能力训练的问题。

儿童思维的成熟过程，其实是人类由蒙昧走向文明的缩影。婴儿最初不会有什么抽象思维能力，他们也许搞不清苹果与梨的差异和苹果与月亮的差异在性质上到底有着怎样的不同。然而生活能使孩子们学会抽象，比如小宝宝淘气，用手触摸火炉，结果烫起几个泡，有过几次教训后，他会不再触摸任何火炉包括那些不曾烫过他的火炉了。他显然自发地形成了这样一种朦胧意识：那些东西也是火炉，也会烫人的。这种朦胧意识十分可贵，因为他已经自发地从同类事物的个体中抽象出了该类事物的共性。

哈佛大学有一个理念就是：一个人的成功与失败不在于他的能力和经验，而在于他的思维方式。因为思维指导行动，行动影响习惯，习惯形成品格，品格决定命运。

良好的思维习惯有助于孩子从正确的角度和方面思考问题，有助于孩子能力的锻炼、知识的获取以及运用所学的知识灵活地解决问题，而且有利于孩子独立性和竞争力的提高。

不过，如果仅靠自然形成，没有足够的刺激和引导，孩子的智力发育就会相对缓慢很多。所以，家长应该运用各种手段，在潜移默化中对孩子进行智力的开发和思维的引导。

发现并珍惜孩子的好奇心

好奇心是萌发创造性的起点和火花。对事物好奇,才会产生思考和探索。孩子对一切都感到新鲜、好奇,他们对什么都想了解,都爱问个明白。这时候,父母不仅要耐心地给孩子讲解,更应该尊重孩子的提问。

曾有这样一个孩子,上课时,总是做自己的事情,思想一点儿也不集中,同学们做这个,他却独自一个人玩别的,甚至对老师的话都没反应。父母都为他的"笨""不听话"而感到忧心忡忡。可是,一位老师却不这么想,经一段时间的观察,他发现这个孩子有自己的特殊兴趣和不同于一般同学的好奇心。比如孩子关心的是到底水泥地滑,还是打蜡地板滑?是水泥地的摩擦力大,还是地板的摩擦力大? 于是,这位老师就有意识地对他进行诱导性的教育,充分肯定他的好奇心,并鼓励表扬孩子爱思考的精神。慢慢地,这个孩子不仅更加喜欢思考与探索,还积极配合班级,配合老师。

经常发问,引导孩子思考

父母不但要学会耐心地回答孩子的提问,还要主动、积极地去发问。由于发展思维是培养创造力的核心,所以要培养孩子学会思考、善于思考的能力,让孩子养成平时喜欢思考的习惯,并在思考问题的过程中发展其思维能力。

沟通交流,激发思考

平时,父母要利用一切机会与孩子交谈,通过交流来激发孩子的思考。不过,值得注意的是,评论问题时,要尽量谈一些有利于孩子独立思考的问题,而不是代替孩子去思考。无论是当孩子碰到问题时,还是为他们提一些具体的建议时,都应启发孩子想办法,让他们自己作判断,自己解决问题。

引导孩子多种角度思维

一般来说,孩子在解决问题时,大多是围绕单一的角度,用常态的思路进行思维,表现出了思维的局限性。其实许多问题并不是只有单一的答案,老师不应满足孩子寻求到标准答案。因为答案并不重要,重要的是孩子如何寻求答案。老师要善于鼓励孩子从各种不同的角度去考虑,从中得出几种正确的答案,以此培养孩子的多向思维。

引导孩子通过联想进行思维

联想可以启发孩子突破局限,由此及彼地扩大思路。联想是建立在经验的基础上的,因而经验越丰富,联想就越多样。因此老师应丰富孩子的经验,这有助于进行多向思维。如在游戏活动中替代物的使用,就是孩子多物联想的结果。因为在某种材料与替代物之间都存在着一定的联系,引导孩子去发现,去运用这些联系,就可以进行多向思维。

让孩子尽早体验到创造的快乐

创造活动是一件快乐的事情,同时也是一件艰辛的脑力劳动。家长应尽早让孩子有所创造、有所成就,让他们体验到创造成功的快乐,从而激发他们进行创造的兴趣和动机。家长可以为孩子提出一些问题,让孩子成功地解决,在一次次成功的快乐中,孩子的创造观念逐渐形成,成为孩子生活中的一种需要,我们对孩子创造能力的培养也就成功了。

魔力悄悄话

在商场,人们受金钱、利益的驱使,去竞争;在学校,同样有人为名次、为荣誉去竞争。当然,竞争是有其存在价值的,有了竞争,才有成绩的进步,才有心智的成熟。更有可能在不断的竞争中交到挚友,共同努力进步。

你也有自己的优势

每个人都潜藏着独特的天赋,这种天赋就像金矿一样埋藏在我们平淡无奇的生命中。那些总在羡慕别人而认为自己一无是处的人,是永远挖掘不到自身的金矿的。

一个穷困潦倒的青年,流浪到巴黎,期望父亲的朋友能帮他找一份谋生的差事。

"数学精通吗?"父亲的朋友问他。

青年羞涩地摇头。

"你懂物理吗? 或者历史?"

青年还是不好意思地摇头。

"那法律呢?"

青年窘迫地垂下头。

"会计怎么样?"

父亲的朋友接连地发问,青年都只能摇头告诉对方——自己似乎一无所长,连丝毫的优势也找不出来。

他父亲的朋友对他说:"可是,你要生活呀! 将你的住处留在这张纸上吧!"

青年羞愧地写下了自己的住址,急忙转身要走,却被父亲的朋友一把拉住了:"年轻人,你的名字写得很漂亮嘛,这就是你的优势啊。你不该只满足找一份糊口的工作。"

把名字写好也算一种优势? 青年在对方眼里看到了肯定的答案。青年人受到鼓励以后自信了很多,他想:我能把名字写得叫人称赞,那我就能把字写漂亮,能把字写漂亮,我就能把文章写得好看……他一点点地放大看自己的优势,看到了成功的希望。

数年后,这个青年果然写出了享誉世界的经典作品。他就是法国18世纪著名作家大仲马,他写的《基督山恩仇录》和《三剑客》受到世界各国人民的喜爱。把名字写得好,也许你对此不屑一顾:这算什么!然而,不管这个优点有多么"小",但它毕竟是一种优势。大仲马便以此为基础,扩大他的优势范围。名字能写好,字也就能写好;字能写好,文章为什么就不能写好?

世间有许多平凡人,拥有一些诸如"能把名字写好"这类小小的优势,但由于自卑等原因常常被忽略了,没能抓住这些优势,把它放大,结果失去了许多可以成功的机会,这实在是人生的遗憾。须知:每个平淡无奇的生命中,都蕴藏着一座丰富金矿,只要肯挖掘,哪怕仅仅是微乎其微的一丝优点的暗示,沿着它也会挖掘出令自己都惊讶不已的宝藏。

许多人成功,都源于找到了自身的优点,并努力地将其放大,放大成超越自己和他人的明显优点。我们每一个人,特别是不自信的人,切不可低估自己的能力,而对自身的小优点视而不见。你不要死盯着自己学习不好、没钱、相貌不佳等等不足的一面,你还应看到自己身体好、会唱歌、字写得好等等不被外人和自己发现或承认的优点。把这些优点发挥出来,更进一步地放大,你也可能因此而成功。

找到你最大的优势

莫扎特7岁那年在莱茵河畔法兰克福开完音乐会以后,有个14岁的少年走到他跟前说:"你演奏得多精彩!可我总学不好。"

"为什么?你再试试看,如果不行,就作曲吧。"

"我写诗……"

"那挺有趣。写好诗大概比作曲还难吧?"

"不难,容易极了。你可以试试……"

同莫扎特谈话的少年是——歌德。歌德没有作过曲,莫扎特也没有留下诗,但他们都利用攻其一点的方法把自己的特长发挥到了极致,所以他们的成功都是辉煌的。洛威尔说:"做我们的天赋所不擅长的事情往往是徒劳无益的,在人类历史上因为做自己不擅长的事情而导致理想破灭、一事无成的例子举不胜举。"很多人往往一时很难弄清自己的优势所在或擅长什么,这就需要你在实际中善于发现、认识自己,不断地了解自己,做到取长避短,进而成就大事。作家斯贝克一开始并没有意识到自己会成为作家,曾几次改行。开始,因为身高优势,他爱上了篮球运动,成了市男子篮球队队员。因为球技一般,年龄渐长,他又改行当了专业画家。他的画技也无过人之处,他给报刊绘画时,偶尔写点短文,终于发现自己的写作才能,从此走上了文学创作的道路。大凡成大事者,成功的关键都是掌握了自身的优势,并加倍强化这种优势,完全投入到自己所喜欢的项目之中,将这种优势发挥到极致。

只有你的天赋与个性完全和手头的工作相协调,你做起来才会得心应手。在某一段时间里,你也许不得不做一些自己不喜欢的事,并为此苦恼,但是,你要尽早使自己从这种状态下解脱出来。英国散文家托马斯·卡莱尔说:"世界上最不幸的人要数那些数不清自己究竟想做什么的人。他们在这个世界上找不到适合他们干的事,简直无处容身。"

魔力悄悄话

竞争是社会发展的动力,但不正当的竞争就会减缓发展的脚步。所以我们每个人都应该遵守竞争的规则,不要触碰道德底线,以身试法。

第四章
特长打造核心竞争力

特长不是天生的,是靠培养的。没有明显天赋的孩子,只要他不是很反感,经过培养也能在某些方面培养出特长来。

每个人都是一个不同的个体,你有你自身的精彩和优势,你特有的爱好和特长,所以我们应该清楚地认识到这一点,发掘它,培养它,并把它塑造成你的核心竞争力。

因为特长是我们长大以后与众不同的能力,这才是竞争力。因为这不是每个人都具有的,甚至可以说是大多数人都不具备的。

打造你的竞争资本

俗话说："艺不压身。"现在的社会竞争这样激烈,孩子将来自立时,本领越多,对生活的适应性也会更强;本领越多,以后越有可能成为一个高水平的人才。所以,家长应该重视孩子的自我锻炼,让他们学习多种本领。家长应该采取多种方法鼓励孩子在业余时间多学一些课外的本领。

迪斯尼的成功之路给了我们很大的启示。

迪斯尼出生于一个贫穷的农民家庭,但是他的童年过得很快乐。他在农场里一天天长大,对树木充满了兴趣,对于各种动物更是感到十分好奇。每天,迪斯尼都会到树林里欣赏兔子、松鼠们自由戏耍,看乌鸦、麻雀、燕子等鸟类飞翔。平时,他除去帮助爸爸干活儿外,一有时间他就跑去看自己喜欢的小动物。童年的这些观察为他后来的卡通创作提供了丰富的素材。

一次,迪斯尼的妹妹得了麻疹,发着高烧。看到妹妹难过的样子,小迪斯尼也很难过。怎样才能减轻妹妹的痛苦呢?他一有空就陪在妹妹身边,给她讲笑话,画漫画。他还花了一番工夫,动脑筋为妹妹做了一套能够翻动的组画,他的卡通表演逗得妹妹咯咯直笑。无疑,这就是他制作卡通画的萌芽。

从此,在迪斯尼幼小的心里深深明白这样一个道理:我喜欢画画,只要好好画画就行,这样我会很快乐,也会最终获得成功的。

迪斯尼按照自己的想法去做了,最终他获得了巨大的成功。

全世界的孩子几乎没有不知道米老鼠和唐老鸭的,这两个活泼可爱形象就是由迪斯尼创造的。穷人家出身的迪斯尼不仅创造了一系列卡通艺

术形象,还建造了著名的迪斯尼乐园,而这一切都源于他绘画的本领。

现在的社会讲究高效,具有多种才能的人很受欢迎。所以,从小就多学几种本领,会给孩子带来更多的机遇。要知道,一个人要想在这个激烈竞争的社会中独立生存和发展,就必须要有靠得住的东西,而这个世界上,最靠得住的东西不是金钱,也不是权势,而是智慧和本领。

多观察点儿东西,就会多知道点儿东西;多尝试点儿东西,就会多记住点儿东西;多学习点儿东西,就会多掌握点儿知识;多思考点儿东西,就会多明白点儿东西。一个人掌握的知识技能越广泛,在接受新东西时就越能触类旁通。大量的事实说明,多才多艺一专多能的人,即便改行,学起新专业也要比一般人快得多。在现在这个社会,只有技能才是"铁饭碗",让孩子多掌握一些本领,将来走入社会时,就多一些资本,多一条出路。

高尔基就曾说过:一个人知道得越多,他就越有力量。随着社会的发展,知识的作用越来越重要,知识不仅是力量,而且是最核心的力量,是终极力量。在当前激烈竞争的新形势下,投亲靠友或怨天尤人都不再有任何意义,哪里都难以养活闲人,社会也不再提供"铁饭碗"。所以,**只有让孩子多学些知识,多掌握一些本领,怀揣着丰富的知识上路,困惑和难题才会迎刃而解,才能迎来成功和幸福。**

父母要在培养孩子良好的道德品质基础上,让孩子掌握广博的知识和精湛的技能,给孩子留下谁也夺不走的"铁饭碗",让孩子受益终生。

魔力悄悄话

自信是真正的成功之母,人生的任何成功,无不源于自信,无不为自信所孕育。自信有如良种,把它及早埋在心田,经风沐雨之后,便能结出丰硕的人生之果。

特长让你更高一筹

据一项追踪调查表明：一个孩子所取得的某项突出成绩，往往与他的特长有着密切联系，特长的灵感常常促使一个人在工作上获得重大突破。

美国哈佛大学心理学家霍华德·加德纳提出了著名的多元智能理论。他认为每个人身上至少存在语言、数理逻辑、空间、身体运动、音乐、人际关系和自我认识七项智能，但是，这七项智能在具体人身上会表现出个体差异。也就是说，每个人都有自己的强项和弱项，在这方面是"特短"的人，可能在另一方面是"特长"。**这正应了中国的一句古话："尺有所短，寸有所长。"**因此，我们不能对孩子的某些短处而耿耿于怀，而应用发展的眼光看待孩子。

诺贝尔化学奖获得者奥托·瓦拉赫的成才过程极富传奇色彩。

瓦拉赫在开始读中学时，父母为他选择的是一条文学之路，不料一个学期下来，老师为他写下了这样的评语："瓦拉赫很用功，但过分拘泥，这样的人即使有着完美的品德，也不可能在文学上发挥出来。"没办法，父母只好尊重儿子的意见，让他改学油画。可瓦拉赫既不善于构图，又不会润色，对艺术的理解力也不强，成绩在班上是倒数第一，学校的评语更令人难以接受："你是绘画艺术方面的不可造就之才。"面对如此"笨拙"的学生，绝大部分老师认为他已成才无望，只有化学老师认为他做事一丝不苟，具备做好化学实验应有的素质，因此建议他改学化学。父母接受了化学老师的建议。从此，文学艺术的"不可造就之才"一下子变成了公认的化学方面的"前程远大的高才生"。在同学中，他的成绩遥遥领先。后来，瓦拉赫在化学上取得的举世瞩目的成就。

每个人都是依靠自己的特长在社会上生存。有的人有经商才能,有的人有军事才能,有的人有唱歌天赋。我们都知道姚明是篮球明星,但如果与王浩打乒乓球,那他恐怕总是失败。我们知道李煜不是一位好皇帝,如果他能专心研究写诗填词,也许会成为一个大家。陈景润是著名的数学家,但在原来的教学岗位上却没有突出的成绩。教育的责任就是挖掘孩子的潜能,培养孩子的特长。

那么,怎样才能更好地培养孩子的特长呢?

根据孩子自身的爱好和条件而定。孩子与孩子之间是有个体差异的,不同的孩子能力不同,发展潜力、发展方向也不一样。所以,家长在决定培养孩子的兴趣特长时,需要很好地观察,了解孩子的个性特点和兴趣倾向,了解孩子在平时哪一方面有"兴奋点"和"天分",然后根据孩子的自身条件,实事求是地帮助孩子选择、确定兴趣爱好,并加以引导、培养,才能使孩子的兴趣成为成功的动力,达到理想的目标。

有的家长在培养孩子的时候,不是根据孩子自身的爱好和条件而定,而是凭自己的主观愿望来规定孩子要学习什么,不管孩子对所学东西是否感兴趣。在他们看来,孩子是学习的机器,是没有思想的,他们没有想过孩子是有血有肉的人。孩子虽然小,但他们是有思想的,他们有自己的兴趣爱好,他们会对父母的这种做法进行反抗。电视剧《家有儿女》中,就有一个例子:有个小姑娘本来是喜欢画画的,而她的父母偏要让她去学钢琴,这个小姑娘为了不去参加钢琴比赛,宁愿吃泻药,让自己拉肚子。

从孩子的天赋、环境条件和兴趣倾向出发

在这方面,父母常犯的错误是没有对孩子进行充分的观察和了解,一看到别人家的孩子都在学什么,或者听到某一方面出现了个小神童,就马上急于效仿,抓起一个项目硬逼着孩子去学。但是对孩子来讲,这根本不是他的所长,学起来会十分吃力;或者孩子的兴趣并不在此,因而总感到索然无味。

　　周总理早年留法学习和从事革命工作时，曾居住在一位法国老妇人家中。这位老人见周总理精力旺盛，意志坚定，做事利索，就常常以此来教育自己的孩子，要他好好向周总理学习。一天，孩子来到周总理的房间问他，怎样才能使自己成为一个有用的人。周总理经过认真思索后回答说："要拔自己所长。"如果人的一生注意发挥自己所长，拔自己的长处，那才会出类拔萃。

　　父母要培养孩子的"特长"，难道可以不去留心一下他们身上有哪些长处是可以发展为"特长"的吗？儿童的天资有许许多多的方面，不一定非要在音乐、绘画这几个方面上死死较劲儿。

　　要发掘儿童的天资，父母就要让孩子多接触各方面的事物，大胆尝试，自己用手去摸、用鼻子去闻、用眼睛去观察，充分接受各种新的生活体验。除了让孩子作多种多样的尝试外，父母还应注意为他们提供各种学习的条件和施展才华的机会。然后在这些过程中，观察了解孩子喜欢干什么，擅长干什么，再因地制宜、因势利导地培养孩子发展他们的长处。

　　另外，让孩子学会一种特长就行了，有的家长不是让孩子学会一种特长，而是让孩子学会几种特长。来"小荷家园"的家长中就有许多这样的人，他们既让孩子学音乐又让孩子学画画，结果孩子什么也没有学会。虽说"艺多不压身"，但是我们也要知道，多才多艺的人都是一样一样地学的，而绝不是一下子就能全都学会多种才艺。

魔力悄悄话

　　要培养孩子的竞争力，就必须先让孩子自信起来。要知道，任何人来到这个世界上，都拥有别人所不能拥有的东西。一个人生活的过程，也就是寻找和探索的过程。只要自己的"人生密码"和"事业密码"对上号，就像一把钥匙打开一把锁，接着徐徐开启的，便是成功的大门。

特长是兴趣的深度发展

为什么会有兴趣和特长的区别呢？这是因为喜好的程度不一样。喜好程度由弱到强依次是：兴趣、酷爱、痴迷。兴趣是指喜欢，只懂得它好，不知道它怎么才能好，这类人最多；酷爱是知道它很好，又付诸一定的努力进行学习，这类人较少；痴迷，就是喜欢到了空前的地步，有"痴"的感觉，这样的人是少之又少。只有进入痴迷的阶段，我们才会接近特长这个词。因此把兴趣变特长的方法就是不断地增强喜好的程度，直至成为特长。

家长的责任在于引导孩子的兴趣，然后再加以培养，使孩子的兴趣保持稳定持久，发展成为一种爱好，再经过努力，最终使孩子形成一定的特长。

家长要善于发展孩子的特长

每个孩子都蕴藏着自己的特长，关键在于如何发现它。钢琴前的笨蛋也许是画布前得心应手的小画家，数学课上的迟钝者也许是手工方面的小能人。因此，发现了孩子的特长，就不必仿照攀比，非要把孩子培养成音乐家、画家不可。家长要善于发现，顺其自然，诱导孩子成才。

就像我们前文中所说的瓦拉赫的故事一样，人的智能发展是不均衡的，都有智慧的强点和弱点。一个人只要找出自己的智能最佳点，使智能潜力得到充分的发挥，便可取得惊人的成绩。

家长对孩子要作全面了解和考察，和学校教师一起从孩子的智力和非智力各方面进行了解，包括气质、性格、脾气，还要了解孩子的爱好，尤其是文化学习上的现实和潜力。对孩子不能提出过高的要求和过高的期望,最好做到家长的期望、孩子的期望与孩子的实际潜能保持一致。遗憾的是,今天我们不少的家长不能结合孩子的天赋特长、兴趣爱好来为他们选择成才之路,因此影响了孩子智能的充分发挥。

发现孩子的特长仅仅是开始,关键在于引导和培养。一旦确认了孩子某方面的特长,就应引导他把特长释放出来。家长应该记住,在孩子全面发展的基础上,尽量发挥孩子的特长,帮助他实现自己的目标。

常交流多尊重

孩子对于"万花筒"般的大千世界,是以自己美妙、奇异的幻想去感受的,与它们同欢共乐,并由此对世上万物发生浓厚的兴趣。如有的孩子对刚买的新衣、新鞋总是非常喜欢,不厌其烦地穿了脱,脱了穿,摸摸这儿,摸摸那儿;也有的孩子为了得到自己喜欢的玩具,如变形金刚、飞机模型等,宁愿放弃好吃的东西。有一位男孩特别喜欢橡皮泥,他的房间里、桌子上、床头堆满了各式各样用橡皮泥捏的小动物。妈妈嫌他把屋子弄脏、弄乱了,于是在帮他收拾屋子时,把橡皮泥玩具全部扔了,结果使小男孩大哭一场,几顿饭都没吃。这说明做父母的不能仅凭自己的爱好,按照自己的主观意愿,对孩子横加干涉,而应该尊重孩子的意愿,经常抽时间陪他们一起游戏、活动,与他们交流感情,走进孩子们的游戏王国,去发现他们的才能和兴趣,并加以正确引导。否则,只会适得其反,欲速不达,扼杀孩子的个性。社会上不是曾发生过为了拒学钢琴,孩子自残双手的悲剧吗?这说明孩子的兴趣发展受到胁迫阻碍时,就会产生过重的心理压力,严重影响孩子的身心健康,我们做家长的应引以为戒。

营造氛围,激发动机

文学巨匠鲁迅曾说:"读书人家的孩子熟悉笔墨,木匠的孩子会玩斧

凿,兵家儿早识刀枪。"鲁迅先生自己小时候生活的家庭环境,就有一种很好的文学氛围,他从小熟读李白、白居易、陆游等人的诗歌以及中国古典名著《西游记》等,为他后来走上文学之路奠定了坚实的基础。

如果想培养孩子读书的兴趣,那么父母就应该常带孩子逛书店,并经常在家里读书看报,向孩子讲述书中有意思的故事、娱乐性的内容或科普知识等。经过长期的耳濡目染,孩子自然就会产生对报刊、书籍的兴趣,从而把家长的愿望变成孩子自觉的行动。

如果你想培养孩子对弹琴的兴趣,除了营造一种家庭的艺术氛围,使孩子受到潜移默化的影响外,还应把重点放在激发孩子的学习动机上。铃木是日本著名的小提琴教育家,为了培养孩子学琴的兴趣,他十分注意激发孩子学琴的动机。他先让孩子一边玩,一边看别的孩子练琴,当孩子看到别人都有琴,而自己什么也没有时,就产生了一种想要得到琴的愿望,尽管如此,铃木先生并不急于满足孩子的愿望,而是给他一把不出声的琴,让其练习拉琴姿势、指法等。过一段时间后,孩子拉琴的愿望越来越强烈,这时,铃木先生才满足其愿望。营造氛围、激发动机是培养孩子兴趣、爱好和特长的准备阶段,做家长的不可忽视。

开发潜能,培养所长

每个正常人都具备多种潜能,只是发展的程度和组合的情况不相同,如果在早期能发现孩子潜能的长处与不足,并适度地发展或弥补其能力,就能帮助他发展个人潜能,激发兴趣,培养能力。开发潜能、培养兴趣多是在幼儿时代。家长应注重引导,孩子是自己塑造自己的,要让儿童自己开发自己的潜能,体现儿童的主体地位和家长的主导作用,侧重培养孩子的真正兴趣爱好。

有的孩子可能兴趣十分广泛,集邮、电脑、弹琴、练武术、打乒乓球,各个方面都想参加。家长要告诉孩子:时间有限,参加的活动过多,会分散精力。要想获得好的效果,就要在广泛的兴趣基础上选择一个中心兴趣,在这方面投入更多的精力,获得更系统、更深入的知识。

兴趣与目标结合

对于有某种特长的孩子,在自身努力的同时,家长和老师应针对其特点,进行精心引导,培养教育,让他们尽快成长为卓越人才。在智力上有超长表现的孩子通常兴趣面比较宽,但由于阅历浅,难以与未来的具体目标或事业相联系,进而形成中心兴趣。在这种情况下,家长和老师有责任帮助他们选择最有可能发展成为事业的项目作为追求方向,加以重点培养。这样把特殊才能兴趣与奋斗目标统一起来,既可以避免走弯路,又可加速其成才进程。

在培养教育途径上,有两条路:一是家庭教育。对年龄较小的有特长的孩子,在家里由有能力的家长或请专业教师实施培养教育;二是送专业学校培养。对于有体育文艺特长的孩子,在进行基础教育的同时,应把他们送到专门学校去培养。在那里,有较好教学条件,有专业老师指导,有科学教学方法,他们的特长爱好会得到更快的发展。比如,体校、少年宫、特色学校等,就培养出不少有特长的人才。

对于有特殊才能的少年儿童,能不能选准主攻方向十分重要。在这方面家长和老师应在指导他们打牢基础的前提下,帮助孩子做一些主客观条件分析,明确前进方向,帮助他们建立起中心兴趣。这样一来,孩子的潜能和旺盛精力就会朝着正确方向发展,并取得突破性成绩。

要确立合理的兴趣结构

既要有广泛的兴趣爱好,又要有集中的兴趣点。广泛的兴趣可以开拓思路,扩展知识面,丰富生活,扩大视野;而中心的兴趣和爱好,可以使人在一定时期内很大程度上集中精力于某一事物,从而更容易取得成果。在兴趣结构问题上,我们强调既要广博,又要有所偏重,博中有精。这两方面可以说是互相影响、互相促进的,任何一个方面的进步和发展,都会推动和促进另一方面的进步。

兴趣的持久性和稳定性

如果只是凭着孩子的单纯的好奇心理去观察一件事物,随着见识的增多,而见多不怪,便会失去兴趣。只有对事、对物保持长久的兴趣,才能对其进行认真的、深入的研究,从而有所发现,有所创新,做出一番成绩。

家长一定要注意保持孩子兴趣的稳定性和持久性。如果对于任何事情都是三分钟热度,今天喜欢跳舞,于是四处翻资料,拜名师,甚至夜不能寐,勤学苦练;可是明天又觉着有人背着画夹到处"写生"很不错,于是把跳舞的事丢到脑后,赶紧买纸买笔,四处学画;之后,又对文学产生了莫名的崇拜,一头扎进书海里……这样今儿东,明儿西,整天忙忙碌碌,连自己也闹不清楚自己到底喜欢什么,这样的兴趣和爱好不可能得到发展。

当然,兴趣和爱好要有持久性和稳定性,并不等于说,孩子一旦确立了对某一事物的兴趣,便再也不能转移方向,即使孩子觉得无味、没趣,也要硬着头皮走下去,这也是同样不利于孩子成长的。随着孩子对自己所从事的事情的深入了解,他也可能发现自己当初就是错的,实际上孩子的选择并不真正地适合自己。在这种时候,家长还是要当机立断,及时中止孩子的错误选择,而去重新考虑孩子的兴趣、爱好,重新考虑其自身的条件,从而求得从别的方面的发展。

总之,培养孩子兴趣、爱好和特长的方式和方法很多,不能一概而论,每位家长应根据自身不同的条件和孩子的不同表现,因人而异,因材施教,这样才能获得成功。

特长培养要量力而行

家长在培养孩子的特长时,应量力而行,合理地给予培养。具体要把握住几点:

1. 家长不要盲目赶时髦

在选择培养孩子的特长之路上,应该从长远考虑,目光千万不可过于短浅。可是,有的家长为孩子选择特长道路的宗旨是金钱、地位和名气,即哪一行赚钱多,哪一行地位高,哪一行有名气就选择哪一行。例如,开始是书法、绘画很受家长的重视。后来,中国运动员在国际大赛中取得了好成绩,受到国人的赞扬,尤其是现在随着体育界职业化的进程,球市火爆,许多家长希望自己的孩子成为运动员,能参加国际比赛,因此,家长们带着孩子去训练。还有的家长看到流行歌曲风靡全国,于是又一齐转向这方面,形成一股热流。就这样,一会儿涌向这儿,一会儿又涌向那儿,不是根据需要与可能,而是盲目赶时髦。结果往往事与愿违,孩子不但在这方面不能成材,而且还可能耽误了孩子另一方面特长的发展。

2. 家长培养孩子特长的路要宽

俗话说:"三百六十行,行行出状元。"不论从事哪一行,只要下工夫,肯定都能做出成绩来,都能成为对社会有用的人才。其中关键的是能否发挥自己的特长。事实上,人的智力发展是不平衡的,每个人的智力都有强点与弱点,如果能充分发挥其优势,就能取得最佳的成绩。因此,家长要在孩子成长道路的起点帮助其选准特长最佳点,千万别埋没孩子的特长。如果家长的思想里只有文艺、体育行业,眼光的确是有些狭窄了。

3. 家长要尊重孩子的意愿

培养孩子的特长,要从孩子的实际出发,如果置孩子的兴趣、爱好于不顾,一味地强人就己,势必影响孩子的特长发挥。作为家长,应该努力为孩子创造一片驰骋的天地,让孩子在自己喜欢的领域内充分发挥自己的才能,决不可越俎代庖。当然,孩子年幼,在兴趣、爱好、特长还未形成的时候,家长应给予指导,不必过早地为孩子定向,可以先培养他广泛的兴趣。家长要鼓励孩子先学好功课。因为小学阶段是打基础阶段,不能有所偏废,否则对其继续发展是很不利的。另外,家长要鼓励孩子积极参加学校举办的各种兴趣小组,从孩子的学习和尝试中发现其特长,然后再进行定向培养。

魔力悄悄话

有很多人,在寻找的途中,因为困难,因为压力,因为气馁,便轻言放弃。而另一些人,不管遭遇多么大的困难和失败,他们总是自信地去面对,最后终于走向成功。

善于发现孩子的天赋

在我国,每年有上千万的小孩被视为"学习困难户""多动症""无学习潜力",等等。其实,所有的孩子都是天资聪颖的。**每个孩子都是独一无二的人——每个家长都应该明白这一点。**

我们怎样才能发现和挖掘孩子的天赋呢?

首先我们得了解孩子可能具备的天赋的种类。现实生活中,每个孩子都有程度不一的 7 种类型的天赋,这 7 种天赋是:逻辑数学、音乐、身体运动、语言、空间感知、人际交往、自我认识。你的孩子也许语文很了不起,但数学较差;也许是位高明的画家,但在运动上却十分逊色。甚至在智力的某一个领域,孩子也有很多的优点和缺点;你的孩子可能文章写得不错,但拼读或书写有困难;阅读能力差,但却是位讲故事的高手。

当你看完下面对每一类智力的描述后,请千万不要把您的小孩划归到智力群的某类当中去,您的孩子要远比下面的描述复杂,您应该到各个部分的描述中去发现您的孩子。找出某个类型中适合您孩子的那些描述,然后再加上您观察到的在其他类型中的优缺点,综合起来,就构成了您的孩子的个人学习风格。

1. 语言天赋

有语言天赋的孩子有着很强的听觉技能,并喜欢用语言做游戏。他们往往用语言来思维,总是把头埋进书堆里或忙着写小说、诗歌,即便不喜欢读与写,他们也是讲故事的天才。他们经常玩文字游戏,而且通常有着记忆诗歌、散文与琐事的良好能力。他们可能希望成为作家、秘书、编辑、社会学家、人文学教师或政治家。有语言天赋的孩子通常有如下特征:喜欢写作,杜撰故事或讲笑话与故事,有很强的记忆名字、地点、日期或琐事的能力,喜欢在空闲时间读书,能轻松而准确地拼写词组,喜欢混乱的韵律与绕口令,喜欢做字谜游戏与填字游戏等。

2. 逻辑数学天赋

逻辑思维能力强的孩子,喜欢用概念思考问题。这些孩子在进入青春期以前,就能通过有条有理地主动驾驭环境和检查事物,来探索式样、范畴与关系。十多岁时,他们就已经能够用非常抽象的形式进行逻辑思维,并总是不断地怀疑与思考自然界所发生的事件。这些孩子喜欢玩电脑或化学实验仪器,尽力解答疑难问题。他们往往喜欢一些脑筋急转弯的难题、逻辑推理的难题与下棋之类的游戏——这些事需要推理能力的。这些孩子希望长大能成为科学家、工程师、程序员、会计师或哲学家。逻辑数学能力很强的孩子通常有如下特征:能快速地用心算来解决数学题,喜欢使用电脑,问一些诸如"宇宙的尽头在哪儿","人死后会怎样"与"时间是什么时候开始的"之类的问题,下棋或玩其他战略性游戏,并经常会赢,根据逻辑进行清晰的推理,设计实验弄清他们不明白的事情等。

3. 音乐方面的天赋

音乐方面有天赋的孩子,经常唱、哼或轻轻地有节奏地吹着口哨。放上一段曲子,您就会发现这些孩子很快便扭动身子并跟着哼起来,他们甚至已经弹起了乐器或齐声合唱起来。不过,还有一些孩子会通过音乐欣赏来表现他们的音乐才能,他们会对收音机或立体音响播放的音乐发表自己鲜明的看法。他们在全家外出郊游时带头领唱,他们也对周围一些动物的声音特别敏感,例如蟋蟀的鸣叫与远处的钟鸣。他们会听到家庭其他成员听不到的声音。有音乐天赋的孩子通常有如下特征:喜欢弹奏乐器,能记住歌曲的旋律,告诉您某个调子跑调了,会说他们需要放一段音乐才能学习,收集录音带或唱片,自唱自乐,喜欢保持音乐性的节奏感。

4. 身体运动天赋

这类孩子通过身体的感觉来整理知识。他们当中的一些人,有天生的运动天赋或舞蹈、表演喜剧的才华,例如他们特别擅长模仿别人最好与最糟糕的地方。这些孩子能有效地用手势或其他的肢体语言来与他人进行交流。有时候,如果没有给他们提供适当的机会发泄他们的精力,他们在学校或家里就会被当作有多动症的人。有身体运动天赋的孩子通常有如下特征:在竞技运动场上表现突出,坐在椅子上不停地摇晃或敲打,喜欢体育运动,如游泳、骑自行车、徒步旅行或溜冰,喜欢与他人接触,喜欢冒险刺激的驾驶,展现手工艺技巧如木工、缝纫或雕刻,善于模仿他人的手势、特殊习惯或动作。

5. 空间感知天赋

这一类孩子似乎知道每一样东西在房间里所处的位置。他们用意象与图画来进行思维,他们往往能找到丢失或误放的东西。如果你重新布置了室内,那么这些孩子会对变化高度敏感,并表现出高兴或不安的神情。他们喜欢玩迷宫与拼图游戏,他们的空余时间用来绘画、设计、玩积木或做游戏。他们当中的许多人会迷上机器与精致的装置,有时甚至有自己的发明。他们希望成为建筑师、艺术家、机械师、工程师或城市规划师。空间感知能力强的小孩通常有如下特征:当想到某件事情的时候,能说出他具体的视觉图形,轻松地阅读地图、图标与图表,能准确地给任务或事物画像,喜欢你展示给他的电影、幻灯片或相片,喜欢做智力拼图或迷宫游戏。

6. 人际交往天赋

这类孩子善解人意。他们通常是周围同伴或学校班级里的头。他们组织能力强,出现问题时能够处理各种情况。这些孩子非常善于调节同伴的纠纷,因为他们有一种能随时发觉他人情感与意图的能力。他们可能希望成为顾问、商人、活动组织者。通过彼此联系与合作,他们会学得非常好。这类孩子通常有如下特征:有许多朋友,在学校或周围广泛开展社交活动,参与课后各种活动,当出现纠纷时,充当"独立调解员"的角色,喜欢与其他孩子一起玩小组游戏,非常理解他人的情感。

7. 自我认识天赋

自我认识能力强的孩子一般有很强的个性。许多人因为害羞而远离集体活动,宁愿独自思考或行动,他们非常理解自己内心的情感和梦想。他们可能坚持写日记,或有半隐秘性质的持续性的活动与嗜好。他们有某种内在的智慧、直觉能力或一种伴随他们许多人终身的精神特质。深深的自我意识,使他们与人保持距离,并朝着只有他们自己才知道的目标独自努力奋斗。他们可能会希望成为作家、经营创意型企业家或从事宗教方面的工作。自我认识能力很强的孩子通常有如下特征：表现出独立意识或很强的意志力，在讨论有争议的话题时，敢于发表自己的意见，似乎生活在他个人的内部世界里，喜欢独自进行一些个人的兴趣、嗜好和事情，似乎有很强的自信心，他们以独特的风格按照不同的节奏行事，自己激励自己去从事独立性的钻研工作。

所以每个家长都要善于发现自己孩子具备的天赋，并以最恰当的方式去挖掘孩子的天赋。

魔力悄悄话

孩子最感恐惧的是教师或家长们说他们是"傻瓜、无用的东西、废物"。专家指出，这些让孩子恐惧的词语对孩子身心的健康发展不利。因为孩子的心理和意志都还很脆弱，他们最希望得到理解和支持，因此，每一句激励的话语都将会成为孩子精神上的阳光；相反，每一句粗暴的呵斥，都足以将他们脆弱的尊严击得粉碎、无地自容。

艺术特长也很重要

培养孩子艺术特长，不但可以培养孩子的审美能力，还能促进孩子思维能力的全面发展，使孩子形成正确的人生观和世界观、价值观。

培养孩子的艺术特长，有助于培养孩子的形象思维、创造性思维和逻辑思维等能力。积极对待孩子的艺术特长培养，对于孩子的成长是十分重要的。

老师也是有明显的情感倾向的，作为老师来说，班里学生有很多，老师一般比较喜欢各方面才能比较突出的学生。

假如学生在某方面有特长，并且能够得到老师的认可，对孩子的成长是很重要的。不少家长针对这一现象，特别重视刚入学的孩子的特长培养。

一般来说，刚入学年龄阶段的孩子比较听话，家长让孩子学习什么，孩子一般都能认真听家长的话。

无论孩子学习什么特长，家长都要意识到一个问题，就是孩子喜欢让大人认可自己的能力这个问题。家长及时地鼓励、表扬和引导，对孩子的学习都是一种很大的推动力。

培养孩子的艺术特长，家长需要重视几个问题：

1. 坚持兴趣是最大老师的原则

兴趣是最大的老师，如果孩子有了兴趣，家长不用动员，孩子就会努力地去钻研、学习。很多天才的大科学家和著名人物，他们的成功更多的是取决于自己的兴趣引导。

2. 坚持对孩子的信任和尊重

作为家长，最重要的是通过信任和尊重，学会发现孩子的优点，通过孩子的优点去鼓励引导,给孩子建立信心。"谁拥有自信谁就成功了一半",我们通过对孩子的信任和尊重,调动孩子的积极性,培养孩子独立完成任务的能力。

魔力悄悄话

苏联教育家马卡连柯说过:"教育儿童最好的方法是鼓励他们的好行为。"每个孩子都有被人赏识的渴望,都希望得到别人的赞扬。老师对孩子要有爱心,要善于发现他们身上的闪光点,多称赞孩子做得好的地方。宽容的鼓励,会使孩子们有信心做好能做的事。

持之以恒的独特魅力

一位女孩的母亲困惑地告诉我：女儿刚会说话时就经常摆弄家里的钢琴、电子琴，常常乱弹一通，自得其乐。我们以为女儿有音乐天赋，于是就给她报名参加了一位名师主办的钢琴学校的钢琴特长班。刚开始的时候，女儿十分上进，对学习钢琴表现出很大的兴趣，老师教的五线谱等乐理知识女儿一学就会，没多久就能够弹奏简单的乐曲了，这让我们家长感到很自豪和欣慰。可是慢慢地，女儿开始对钢琴表现出了强烈的抵触情绪，总是闹着不想学钢琴了。我们十分苦恼，不知该如何培养孩子持之以恒的学琴兴趣。

像这位家长一样，很多家长都会抱怨自己的孩子没有毅力，做什么事情都是半途而废：看到别人在打乒乓球于是也想打乒乓球，但看到别人打篮球时他就跑过去打篮球；今天看了童话书，便想当童话作家，明天看了科幻小说又想当科学家……总之，什么事情都坚持不下去。

这种半途而废、虎头蛇尾的做事习惯对培养孩子的特长有百害而无一利。要知道，很多孩子在长大之后一事无成，并不是因为他们缺少能力，也不是因为他们缺少学识，很多时候，他们是因为从小没有养成持之以恒的品质，缺乏坚持到底的精神。而那些长大以后获得成功的孩子都具有坚持到底的品质：不管环境多么恶劣，条件多么苛刻，他们都能够坚持下去，而他们的这种优秀品质大多是在小的时候养成的。

持之以恒是一个人心理素质优劣、心理健康与否的衡量标准之一，也是决定孩子竞争力的关键因素之一。培养孩子持之以恒的品质，对孩子今后的人生道路有很大的影响。因此，作为家长，有义务对孩子进行这种品质的教育和训练。

家长要做孩子的榜样

父母是孩子的第一任老师,父母的言行举止都被孩子看在眼里记在心里。如果想让孩子改掉半途而废的坏习惯,那么父母就要以身作则,无论处理什么事情,都要认真、圆满地完成,成为孩子模仿的好榜样。这样孩子就会在耳濡目染之下,养成持之以恒的习惯。

有意识地对孩子进行心理素质方面的训练

对孩子进行心理素质方面的训练,首先要从孩子生活中的小事开始。例如,什么时候起床、就餐,什么时候到校、自习,家长都应该让孩子遵守要求和规矩。纪律往往能使孩子有意识地克服自身的惰性,从而形成非凡的竞争力。

重视孩子的成就感

成就感和自豪感并不是成年人才感兴趣的,得到成就感的巨大力量可以让孩子坚持做一件事,从幼稚走向成熟。对于孩子的点滴进步都要及时予以鼓励和表扬,使孩子产生愉悦感和自信心,从而使孩子树立坚持完成任务的决心。

丽丽的妈妈就很重视培养孩子的成就感,比如家里来了客人,妈妈就会让丽丽给客人们背古诗,丽丽有声有色,背得很好,总会得到客人们的鼓励和表扬。正是这种小小成就感的激励,培养了丽丽持之以恒的品质。"六一"国际儿童节到了,老师认为丽丽平时朗诵有表情,就让丽丽来当报幕员,丽丽拿着老师给的节目单,请妈妈在家教她,一连几天她都不出去玩。一遍一遍地练习,终于把节目单全背下来了。"六一"国际儿童节,她主持得很出色.老师们和家长们都夸丽丽"真行"。

不要伤害孩子的自尊心

每个孩子都会有自尊心,如果孩子遇到难题时想要退缩,不愿意将事情完成,父母千万不要一味地责备孩子,更不要讽刺、挖苦,避免伤害孩子的自尊心,使孩子丧失斗志。

重视对孩子自制能力的培养

很多孩子由于年龄小,注意力不集中,自控能力较差,做事往往有头无尾。因此,父母应该根据孩子的特点,从孩子的生活习惯方面入手,先对孩子提出相对简单的要求,让其较容易就能完成。久而久之,孩子就会逐步地学会控制、约束自己的行为,独立、完整地做好每一件事情。

让孩子负一点责任

孩子一般都是凭借着兴趣做事的,遇到不愿意干的事情常常半途而废。针对这样的情况,父母可以故意把一些事情郑重地作为一个任务交给孩子。比如,让孩子每天早上取牛奶等。孩子觉得自己有了一定的责任,也就增加了克服各种困难的勇气,通过自己的努力把事情做好,也就逐渐养成了持之以恒的品质。

总之,孩子持之以恒的品质是靠坚强的意志磨砺出来的,同时也离不开家长的指导和培养。要培养孩子的特长,培养孩子的竞争力,家长就应该积极地帮助孩子学会坚持,让孩子在克服困难的过程中锻炼自己的坚持能力,做个善始善终的孩子。

魔力悄悄话

作为家长,当孩子遭遇困难和挫折时,应予以关注,加强沟通,适时疏导。首先,要坦率地告诉孩子,人生有酸甜苦辣、悲欢离合,挫折也是人生经历的一部分,要正确对待。其次,要善于适时疏导,帮助孩子分析出现挫折的原因,"不为失败找借口,要为挫折找原因",这样才会使孩子正视挫折,磨炼自己的意志和毅力。

劣势也可以转化成优势

人人都有自己的弱点，人人都有自己的长处，如果能充分地认识和利用自己的劣势，那么劣势也可能转变为优势。所以，只要懂得扬长避短就无劣势可言，如果再进一步，就可以把劣势变成特点或优势。

有一个小男孩在一次车祸中失去左臂，但是，他很想学柔道。于是他拜了一位日本柔道大师做师傅，开始学习柔道。3个月里，师傅只教了一招。

他终于忍不住问师傅："我是不是应该再学学其他招数"师傅回答说："不用，你虽然只会一招，但你只需要会这一招就够了。"小男孩并不是很明白，但他很相信师傅，于是就继续照着练了下去。

几个月后，师傅第一次带小男孩去参加比赛。他没有想到，自己居然轻松地赢了前两轮。第三轮稍稍有点艰难，对手连连进攻，小男孩被逼得左躲右闪，后来，他施展出自己的那一招，又赢了比赛。就这样，小男孩进入了决赛。

决赛的对手比他高大、强壮许多，似乎更有经验。一段时间，小男孩显得有点招架不住，裁判担心小男孩会受伤，叫了暂停，打算就此终止比赛。然而，师傅不答应，坚持说："继续下去。"

比赛重新开始，对手放松了戒备，小男孩立刻使出自己的那一招，制服了对方，赢了比赛，夺得冠军。回家的路上，小男孩和师傅一起回顾每场比赛的细节，他鼓起勇气道出心里的疑问："师傅，我怎么凭一招就能赢得冠军？"

师傅答道："有两个原因：第一，你几乎完全掌握了柔道中最难的一招；

第二,就我所知,对付这一招唯一的办法,是对手抓住你的左臂。"

小男孩因为没有左臂,所以对手没有办法破解他这一招,他的最大的劣势变成了最大的优势。

人的劣势,未必就一定是不可能转化的劣势,或者进一步说,未必就一定是不可能转化为优势的劣势。

博格斯是 NBA 篮球队有史以来最矮的球员,身高只有 1.6 米,即使在东方人的眼里也算矮子,更不用说是在 NBA 篮球队了。但是,这个最矮的球员却是 NBA 表现最杰出、失误最少的后卫之一。他控球能力一流,远投准确,就是带球上篮也总能变幻莫测,让人防不胜防。

博格斯是不是天生的高手呢? 当然不是,而是苦练的回报。

博格斯从小就长得特别矮小,但却异乎寻常地热爱篮球。当时他的梦想就是有一天去打 NBA,因为 NBA 的球员享有极高的社会评价和雄厚的经济实力。这几乎是所有爱打篮球的美国少年的梦想。

每当博格斯告诉他的伙伴:"我长大后要去打 NBA!"听到的人都忍不住哈哈大笑,有人甚至笑倒在地上。因为伙伴们"认定":一个 1.6 米的矮子是"天灾",是"绝对不可能"打 NBA 的。

伙伴们"认定"的"绝对不可能",并没有磨灭博格斯的志向。他用比一般人多几倍、十几倍的时间练球、圆梦,终于成为全能的篮球运动员,成为最佳的控球后卫。他将自己矮小的劣势转化成为矮小的优势:个子小不引人注意,运球的重心低,行动灵活迅速,传球、投球屡屡得手。

博格斯创造了自己的奇迹,小个子成为篮球大球星。

有人说,优势就是优势,劣势就是劣势,它们之间的关系是对立的,它们之间有着不可逾越的鸿沟。处于优势的人总是比处于劣势的人强,强者也总是处于优势地位。但优势和劣势在一定条件下会互相转化,我们更应该考虑的是如何能将劣势转化为优势,那才是最有意义的。

当然,劣势转化为优势是有条件的,如果第一个故事中的小男孩没有经过名师指点，又不练出那出敌制胜的一招，那他的劣势就只是劣势。同样的，如果博格斯没有刻苦训练，并在训练过程中有意识地改变自己矮个带来的不便，发挥自己个子矮小带来的灵活迅速等优势，那么，他的劣势也不会成功地转化成优势。

所以，我们要充分认识自己的劣势和优势，既要充分发挥自己的优势，又要创造合适的、利于劣势转化的条件，争取把自己的劣势转化成为优势。

魔力悄悄话

成长中的挫折是我们人生路上的奠基石，学会享受挫折便是铺好这块石头的心灵基础。当孩子遇到困难时，教他把困难想成一座大山，无限风光在险峰，我们要努力去攀登。

第五章 学习力决定竞争力

　　爱因斯坦说:人的差异在于业余时间。上什么山唱什么歌,玩什么游戏遵守什么规则。在学校比的是学习成绩,在企业比的是业绩。企业需要的是能够创造价值的员工。创造价值需要本领,本领不等于学历。本领＝能力＋态度＝持续的学习力。谁的学习力强,谁创造的价值就多,谁的职场竞争力就强。所以说:学习力决定职场竞争力。很多人能认识到学习的重要性,可老是高估自己,认为自己过去脑袋中储存的知识很多,不会被淘汰。其实你的知识够不够用你自己可以经常自检一下,看你是不是该学习了?

征服世界的通行证

唯一能持久的竞争优势是胜过竞争对手的学习能力。

盖亚斯相传,挪威人从深海捕捞的沙丁鱼很难活着上岸,抵港时如果鱼仍然活着,卖价就会高出许多,所以渔民们千方百计想让鱼活着返港。但种种努力都归失败。

奇怪的是,有一位老渔民天天出海捕捞沙丁鱼,返回岸边后,他的沙丁鱼总是活蹦乱跳的。而其他几家捕捞沙丁鱼的渔户,无论如何处置捕捞到的沙丁鱼,回港后全是死的。由于鲜活的沙丁鱼价格要比死亡的沙丁鱼贵出一倍以上,所以没几年的工夫,老渔民一家便成了远近闻名的富翁。周围的渔民做着同样的营生,却一直只能维持简单的温饱。

老渔民在临终之时,把秘诀传授给了儿子。原来,老渔民使沙丁鱼不死的秘诀,就是在沙丁鱼的鱼槽中,放进几条鲶鱼。因为鲶鱼是食肉鱼,放进鱼槽后,鲶鱼便会四处游动寻找小鱼吃。为了躲避天敌的吞食,沙丁鱼自然加速游动,从而保持了旺盛的生命力。如此一来,沙丁鱼就一条条活蹦乱跳地回到渔港。

无独有偶,国外一家森林公园曾养殖了几百只梅花鹿,尽管环境幽静,水草丰美,又没有天敌,可是几年以后鹿群非但没有发展,反而病的病死的死,竟然出现了负增长。后来他们买回几只狼放置在公园里,在狼的追赶捕食下,鹿群只得紧张地四处奔跑以逃命。没想到,这样一来,除了那些老弱病残者被狼捕食外,其他的鹿体质日益增强,数量也迅速增长。

上述现象对我们不无启迪,一种动物如果没有竞争对手,就会变得死

竞争力——待到春花烂漫时

气沉沉。**人也是如此,一个人如果没有竞争对手,那他就会甘于平庸,养成惰性,最终导致庸碌无为。一位哲人说过:我们的成功,也是我们的竞争对手造就的。**

在这个发展迅速的年代,激烈的竞争已经无处不在。国家在竞争、民族在竞争、企业在竞争、人与人之间也存在竞争,谁落后谁就处于被动的地位。世界范围内竞争的普遍性和激烈性,使许多家长都感受到培养孩子竞争意识和竞争能力的必要性和迫切性,从小就培养孩子的竞争力,不仅能促进他的积极成长,更能决定他以后的命运走势!

培养孩子的竞争意识和能力,是赋予孩子在 21 世纪的畅行的"通行证"。竞争是为了最大限度地调动人们的潜质,调动大家学习、生活的积极性,教育孩子不甘落后,创造一种积极上进之风。

刘中初中毕业后,从农村来到市里的重点高中上学,由于以前学校的教学质量不是很好,所以,他进入重点高中之后,就觉得不能适应了。尤其在英语课上,他觉得自己总是听得云山雾罩,不知所措。

第一学期期末考试,他竟然没有一门功课及格,最惨的一科是英语,只得了 36 分。这一打击对刘中来说太大了,他觉得农村孩子始终比不上城市孩子,开始自卑和苦恼起来。于是,他就到小说里面寻找自己的"心灵寄托",寻找一些虚无缥缈的感觉,并沉溺其中不能自拔。结果成绩更是一团糟,还差点儿被学校开除。他觉得自己与其在这里丢人现眼,还不如去放弃学业。

爸爸知道他的这个想法之后,就对他说道:"什么? 放弃学业? 这同战场上逃兵有什么两样,即使你暂时能够逃避学习的竞争,步入社会后,你还能逃避社会竞争吗? 难道你真想一辈子当一个逃兵?"爸爸的这句话,一下子激起了刘中强烈的自尊心。"逃兵? 我怎么会是逃兵呢? 逃兵会被人说三道四的,我绝对不做逃兵!"就这样,刘中为了不让自己成为逃兵而树立了坚定的信念,开始刻苦学习。

其实,刘中并不是个笨孩子,刚开始成绩不好,只是因为他还没有适应新的环境。现在他树立了竞争意识,不甘心学习落后于人,决心超过别人,他的成绩也自然提高了。高考的时候,他以 780 分的成绩打破了学校有史以来的最好成绩,进入了自己向往已久的大学。

从这个事例我们可以看出,如果刘中在暂时落后的时候,不想和别人竞争,一味地逃避,那么他就不会得到现在这样好的成绩,只能是个"逃兵"。

在实际学习、生活中,总有一部分孩子对学习或某项活动甘心落后,怯于竞争,表现出动摇、胆怯、逃避等消极意志品质。身为父母者,要让孩子明白竞争是现代生活中不可或缺的内容,学会竞争是现代人基本的生存能力,要在竞争中体现自我,从竞争中走出精彩人生。应鼓励孩子参与多种形式的竞争活动,让孩子尽可能地在竞争中摔打,经受成功和失败的考验,鼓励他们跌倒了再爬起来继续前进。

培养孩子的竞争意识

竞争意识是指对外界活动所做出的积极、奋发、不甘落后的心理反应。它是产生竞争行为的前提。在今天,每一个孩子都应该视竞争为常态,不竞争为非常态。家长必须教育孩子面对现实,让他们知道有竞争就会有成功者和失败者,任何试图回避或逃避竞争的做法都是错误的。培养孩子的竞争意识,鼓励孩子参与竞争,对于孩子的健康发展具有重大意义。

人长大都会有一种渴望成功的愿望,有一种超过别人的冲动。这种心理如果运用得好,就可以成为鼓励自己前进的驱动力。因此,生活中,父母要树立孩子的拼搏精神和竞争意识,在学习科学文化知识中要不甘落后,敢于脱颖而出;在人生道路上,要敢于冒尖,争当"出头鸟"。不难想象,一个缺乏竞争意识,学习成绩平平,工作不积极的人是很难赢得同学的尊重和好感的。

帮孩子找到竞争的优势

鼓励孩子相信自己有力量和能力去实现所追求的正确目标。相信自我,本身就是一种"自我竞争意识",连自己都不敢相信的孩子,根本上失去了和别人竞争的能力,他必然不会朝气蓬勃、乐观向上,甚至干任何事情都体验不到一种"把握感和成功感"。

鼓励孩子建立自信,敢于面对竞争。每个人都不可能是全才,有长处也有短处。能帮助孩子找到自己的优点,帮助孩子建立坚定的自信,这是面对竞争时,合格家长首先要做的。家长要引导孩子挖掘自己的优点,不断强化,使孩子走出自卑的困扰而变得自信起来;帮助孩子发现自身优点和长处是克服害怕竞争的良方。

一个人的兴趣和才能是多方面的,要注意发挥自己的长处,挖掘自己的潜能,这样就能增加成功的机会,减少挫折。同时,有竞争就会有胜负,即使处于劣势时,也要保持积极进取的态度,而不要采取贬低或破坏对方来获得自己的优势,也不要心生嫉妒或采取不正当的手段,更不要就此一蹶不振。

引导孩子向竞争对手学习

竞争对手是一面镜子,能照到自己的不足,更能完善自己。学习对手的优点,是一种精神。

很多中小学的孩子们,在有自己的学习竞争对手时,往往把对方当成自己的死敌来看待,害怕对方超过自己,而采取一些不正当的方法。最后导致行同陌路人,其实这样的方法是很不可取的。

面对孩子学习上的竞争对手,父母应该引导孩子不要怀着敌对的心态,而应视为学习的动力、目标以及榜样。竞争是激烈的,但可以积极学习竞争对手的优点,主动与对手合作,向对手请教问题等。要辩证地看待竞争,而不只是局限于"争"这一个层面。如果把竞争对手视为自己学习上的伙伴和朋友,不但会使自己受益匪浅,也有利于他人的学习。学会处理竞争与合作的关系,是很必要的,将为以后的学习和工作奠定良好的基础。

新的一个学期开始了,读初一的吴斌下决心要将自己的学习成绩提升到班里前五名。他爸爸问他:"现在班里的前五名同学就是你的竞争对手,要想赶上或超过竞争对手,你就得了解竞争对手,虚心向竞争对手学习。你们班前五名同学都是谁,你知道吗?"他说:"我知道。"接着,他说出了前五名同学的姓名。爸爸又问:"第五名同学与你相比有哪些优点?"他说:"他非常爱好学习,学习很主动,很刻苦。课堂上勇于举手发言,自己弄不懂的问题就虚心向老师和同学请教"。爸爸又问:"第四名同学和你相比有哪些优点?"吴斌说:"她课堂听讲精力非常集中,对知识不死记硬背,能举一反三。"爸爸又问:"第三名同学与你相比有哪些优点?"吴斌说:"他非常珍惜时间,也很有毅力,对疑难问题从不放过,直到钻研明白、弄懂弄通为止。还有,他总是按时完成作业,还喜欢看课外读物。"爸爸接着又问:"第二名、第一名同学与你相比有哪些优点?"吴斌如数家珍都作了具体回答。最后爸爸说:"现在你知道应该怎么做了吧? 记住,知己知彼,心里才能有底;学人之长,才能胜利有望。"吴斌顿时恍然大悟,信心十足地说:"爸爸,我明白了。你瞧吧!"爸爸充满希望地看着儿子说:"好儿子,我相信你能成功。"

在爸爸的启发和帮助下,吴斌看到了竞争对手的优势,找出了自己存在的差距,下气力比他们学得更好,更刻苦。他的自身潜能得到了充分发掘,学习成绩提高很快,期末考试一跃名列全班前茅。

向竞争对手学习,不仅是方法的问题,还是视野的问题、思想的问题、境界的问题。引导孩子会去学习竞争对手身上的优点,把对方当成自己学习上突破的一个动力,这样孩子就会收获人际和学习的双成功。

倡导孩子进行良性竞争

对孩子竞争意识的培养,家长要以倡导良性竞争为出发点和最终目标,教育孩子懂得良性竞争的原则。

良性竞争包括四个方面的内容:公平、公正、公开、公心。公平,即通过自己的实力取得胜利;公正,即明礼诚信;公开,即竞争不应是狭隘、自私的;公心,即竞争不应暗中算计别人,应齐头并进,凭自身的实力超越他人。家长要引导孩子遵循这四个方面来进行良性竞争。

另外,让孩子在竞争中学会合作。家长要清醒认识到创造发展这个世界不仅有竞争,还要有合作,要培养孩子在竞争中合作。唯有竞争没有合作只能造成孤立,带来同学关系的紧张,给自己平添许多烦恼,对生活和事业都非常不利。

当孩子自己能判别出哪些竞争是良性的,哪些是恶性的,遇到恶性竞争懂得如何处理,并在竞争中宽容别人,他就具备了竞争的美德。

培养孩子健康的竞争心态

作为孩子的第一任老师,父母在培养孩子健康的竞争心态上起着极为重要的作用。

在培养孩子竞争意识的过程中,也应让孩子明白,竞争不应是狭隘的、自私的,竞争应具有广阔的胸怀;竞争不应是阴险和狡诈,暗中算计人,而应是齐头并进,以实力超越;竞争不排除协作,没有良好的协作精神和集体信念,单枪匹马的强者是孤独的,也是不易成功的。

一味追求击败别人、打击对手的人,易造成不良的人际关系,不利合作精神形成,是一种狭隘的意识。同时,一山更比一山高,总追求胜过别人,当有失败的体验时,即不能承受,久而久之,影响心理健康。因此,应多引导孩子与自己比较,从实际出发,根据个人的基础,不断取得进步,与自己的惰性作斗争,与困难作斗争,不断超越自我。

同时,还要教育孩子正确对待竞争中的得与失。成功了,不骄傲,不自封,居安思危,想到今后还会出现新的竞争;失败了,不灰心,更不嫉妒成功者,愉快地接受他人先于自己成功的事实,对别人的进步、成就和功劳,要有发自内心的羡慕、佩服,并视为自己学习的榜样。

魔力悄悄话

只要我们还活着,就得生存下去,要想更好地生存下去,就要参加竞争这场游戏。对于我们每个人来说,生存和竞争都是残酷的。只有懂得生存,学会竞争,我们才能更好地存活于世上。

什么是真正的学习能力

要认识学习能力,需要从了解能力的概念入手。

能力,是人们表现出来的解决问题可能性的个性心理特征,是顺利完成某种活动的必要条件。它能直接影响活动的效率,是活动顺利完成的最重要因素。

人的能力有很多种,比如,运动能力、语言能力、社交能力,不一而足。一个人的能力强弱会决定他掌握各种活动的成效,影响他活动效率的高低。比如,运算能力、想象能力、空间方位感、逻辑思维能力等,这些能力是孩子学好数学科目的必不可少的条件。

完成任何一项活动,都需要人的多种能力综合运用。举一个比较简单的例子:步行就需要我们的知觉能力、识记能力、再现能力、目测能力、运动能力等。如此简单的一件事情都需要诸多能力的协同运用,更不用说复杂的事情了。

一个人在某方面的能力比较突出,利用这一突出的能力将其他各种能力结合起来,综合运用,从而能够比较出色地完成某方面的任务,我们便说他有某方面的才能,或者专长。这个时候,才能或者专长就是他各种能力的独特结合。

但是,一个人的能力不可能样样都突出,甚至于在某些方面还有缺陷。虽然如此,但我们可以照样利用自己的优势或者发展其他能力来弥补自己的不足,同样也能顺利的完成任务。这个时候,能力便发挥了它的补偿作用,或者互补作用。例如,盲人虽然缺乏视觉,却能依靠异常发展的触摸觉、听觉、嗅觉及想象力等去行走、辨认币值、识记盲文、写作或弹奏乐曲。所以,才能其实并不取决于任何一种能力,而是各种能力的综合表现,是各种能力的独特组合。

能力与活动有着紧密联系。一方面,人的能力在活动中形成和发展,并且在活动中表现出来。例如,有经验的纺织工人能分辨出 40 多种浓淡不同的黑色色调,而一般人只能分辨出 3 种至 4 种。他们的能力都是在自己长期从事的活动中得到了独特的发展。另一方面,从事某种活动又必须以一定的能力为前提,能力是人们顺利地完成某种活动所必须具备的个性心理特征。比如说节奏感和曲调感对于从事音乐活动是必不可少的;准确的比例判断和色调分辨是绘画活动必不可少的。

那么,什么是学习能力呢? 简单地说,学习能力就是怎样学习的能力,就是在环境和教育的影响下形成的、概括化了的经验。学习能力是人的能力的一部分,也是非常重要的一部分。它直接决定了人在进行学习活动时的成效,决定了学习活动的成功概率。

现代的资源管理理论认为,学习能力是 21 世纪人才的重要标志之一。而对孩子而言,学习能力是与学校学习密切相关的一组能力。简单地说,学习能力就是听、说、读、写、算、交流、思考的能力。

最基本的学习能力是感觉动作能力,包括平衡能力、协调能力、方位感。在母体内,胎儿便通过身体运动的感觉来接触世界,从而理解这个世界,认识这个世界。随着时间的推移,通过感觉动作能力增加了自己的知识,使得自己其他能力开始发展。

随着动作能力的发展,逐渐形成听知觉和视知觉,慢慢地学会辨别对象与背景,记忆图形,分辨点、线、面,或者辨别不同的声音,记住语音,这种能力是学习的基础,写字和听课正是这一能力的综合体现。

知觉与动作综合能力,是指能够将外界传人大脑的信息进行正确的综合分析,并作出相应的行动的能力。例如,能够全神贯注地听讲,看、听与文字表达内容相一致,而不是偏旁颠倒,写一半忘一半等。

在知觉与动作统合能力发展完善之后,才有可能发展符号认知与阅读能力,阅读是对文字符号的视觉辨认与领会过程,文字与图形有相同之处,它们由点线组成的,但又有不同之处,它是代表一定意义的,阅读与图形辨认涉及更高级的大脑活动,即领会、理解或提取语义的过程,所以阅读能力必须具备两个条件,一是眼球运动,视知觉速度、视知觉辨别能力;二是符号转变成语义,即理解字词意义的过程,这一阶段的重点是字词意义提取的训练,如字词联想训练,阅读策略的训练,此时的儿童如果经诊断是知觉与动作统合能力低下而导致阅读困难,则要进行前一阶段的补救训练,即训练儿童的知觉与动作统合能力。

当解决了符号认知与阅读的能力提升问题后,儿童才有可能发展逻辑思维、抽象思维与推理能力,才能解决复杂的数学问题,理解抽象的数量概念,领会应用题的条件,一个对字词不善领会,不能熟练阅读的人不可能真正领会数量概念,不可能有效地抽象思维。孩子的推理能力并非一蹴而就的,而是一个长期积累的过程,这种能力是动作、感觉、知觉、符号、言语等诸项基本能力发展的累积,体现的是多种基本学习能力的累积效应,只有在前几个阶段顺利发展之后,这一阶段的抽象思维能力才能具备。

现代医学科学、教育科学认为孩子的学习好坏与智商无关。全世界的研究机构都认为人类大脑在人的一生中的利用率只有3%,微软公司和加拿大教育部研究认为是10%。从理论上讲,由于人类大脑没有充分被开发,人类大脑的开发是无限的,若将"低智商"儿童的大脑开发量提高一倍,其智商绝不会落后于所谓的"高智商"儿童,所以可以说人类个体之间几乎没有智力的差别,只有智力的优势区域和智力发展优势方向不同;况且,人从3岁至60岁的智商变化不会超过10%,智力能力相差巨大。因此可以肯定的是孩子的学习好坏与智商无关。

如何让孩子认识到学习的重要性

可能你越是给孩子讲学习的重要性,他越是会认为学习就是给家长学的;老师反复的强调学习的重要性,孩子就会越是认为学习就是给老师学的。因为,你们强调重要,就意味着对你们重要,孩子自己没有从学习中体会到学习的重要,所以家长和老师说得越多,孩子就越会理解为学习是为了家长或者老师。要使孩子认识到学习的重要性,家长一定不能强迫,只能引导,具体有几种引导方法。

以身作则,家长自身就能够对读书学习津津乐道

你要想让孩子认识到学习的重要性,就必须以身作则,家长自身对读书学习很向往,孩子就会受到感染,在久而久之的生活中,不用家长说,孩子都会感到学习就是最幸福的事情,最快乐的事情。

家长经常交流自己读书学习的方法

学习并不是一件轻轻松松的事情,在很多地方需要有具体的方法来支持,尤其是孩子在遇到学习的困难的时候,他需要的是解决困难的具体方法。孩子并不是不愿意取得好的成绩,他们也很想通过学习成绩来证明自己的能力,这和我们家长面对自己工作中的困难一样。当孩子真正获得了解决问题的方法,解决了自己所面临的学习困难的时候,学习的意义也就充分地显示出来了。因为,解决困难就意味着孩子能力的提高。孩子能力的提高,就更容易体会到学习的意义。

家长要经常和孩子交流学习读书的体会

家长与孩子一起来分享学习的快乐,孩子也会对学习乐此不疲的。与孩子一起分享他学习过程中的快乐和成功,实际上是对孩子最好的教育。其实,真正学习的意义,不仅是学习以后所取得的成果,而是来自学习行为本身的成功。学习的成就感,虽然很难用语言表达出来,但却会激励孩子更向往学习。

联系生活实际,让孩子用学到的知识和能力来解决具体的问题。我们不少的家长,甚至也包括部分老师,只是一味地强调学习的重要,而忽视知识与能力的运用,忽视了知识与现实生活的关系,甚至有的老师就是一定要把课讲得与生活实际相脱离,好像学习就是学习,与生活一点没有关系。我们想象一下,这样的学习,我们再怎么说有意义,孩子也不会买账的。

联系生活实际,可以联系具体的学习让孩子做一些具体的事情。比如,让孩子给亲戚写信;利用数学来分析家庭的收入和支出,参与家庭的重大开支决策;利用所学的英语写作能力来建立一些与外国朋友的联系;利用物理、化学知识为家庭做一些切实有效的事情;在看电视的时候,经常运用所学的政治、历史、地理知识来解释新闻报道中的具体事实等。

联系生活实际,更应该根据孩子的思维能力、意志水平的提高,鼓励孩子解决一些家庭的发展和变化的问题,让孩子真正体验到自己因为上学、因为读书,自己有了承担家庭责任的能力。无论是从荣誉上,还是从解决

具体的实际问题上,孩子如果感觉到是因为自己的上学读书,使家庭的问题变得容易解决,家庭从中获得实惠,那还用我们说学习有什么意义吗?

意义都是体现在具体的事物中的,落实到具体的行动中的,而不是只凭说就可以让人信服的。学习的意义更是这样,家长在学习方面的以身作则,身体力行;孩子的学习的自身变化与发展;家庭的变化与发展等,都无不体现着学习的意义,这就要看家长是如何发掘的。

魔力悄悄话

改变自己会痛苦,但不改变自己会吃苦…一个人的性格和习惯是很难改变的,如果想改变,那肯定是一件很痛苦的事。虽然是这样,但在很多时候,我们必须要改变自己。

学习靠主动

联合国教科文组织在《学会生存宣言》中指出："未来的文盲不是不识字的人，而是不会学习的人。"而会学习的人，必定是会主动学习的人。孩子只有从小学会独立学习，养成热爱学习的好习惯，长大了才能独立地生存在这个世界上。

现如今，我们大力提倡的是素质教育，实施素质教育必须教会学生学习，学习是关系到人才成长、科技进步、国家昌盛、社会发展的一个极其重要的问题。美国未来学家约·奈比斯在《九十年代的挑战》一书中也提到"现在需要的最重要的技能就是学会如何学习"。这充分说明当今教育不再是让学生学会，而是让学生会学。所以教育一定要充分发挥孩子的主体作用，促进孩子积极主动地学习，千方百计挖掘蕴藏在孩子身上的巨大潜能，不断地发展他们的非智力因素，变"要我学"为"我要学"。

苏霍姆林斯基说过："在每一个年轻的心灵里，存放着求知好学、渴望知识的'火药'。就看你能不能点燃这'火药'。"激发学生的兴趣就是点燃渴望知识火药的导火素。设置悬念，激发兴趣，这确实是提高孩子学习有效性的秘方。培养浓厚的学习兴趣是推动学习的原动力。对于孩子来说，一旦对学习产生了兴趣，他就会带有快乐、欢喜和满意的情感来学习，就会自觉积极地投入到学习活动中去，激发学习的动力，从而改变抑制性条件反射。有了兴趣，就会促进兴趣，以此形成良性循环。因此，培养孩子的学习兴趣是我们应特别注重的问题，就是我们要设法让孩子"变要我学为我要学"，这样孩子的学习就会变被动为主动了。

最近看到一个关于学习方面的调查，在回答"你为什么要上学?"时，多数孩子的回答是"为了学本领"，其次是"为了将来找个好工作"，再次是

"为了考大学",只有4.3%的孩子是因为"喜欢读书"和"学校好玩"而上学。家长的情况大体上和学生相同,只有3%的家长"因为孩子喜欢读书"而送孩子上学。

在我看来,许多孩子和家长对教育与学习的关注并不是直接源于对知识的渴求,而是带有某种功利性的认识。孩子无法从读书本身找到求知的乐趣,而是迫于某种压力去学习,从而使孩子根本体验不到学习的快乐。

《学记》中曾指出:"今之教者,呻其占毕,多其讯,言及于数,进而不顾其安,使人不由其诚,教人不尽其才,其施之也悖,其求之也佛。"而这句话正指出了传统教育中的种种弊端:许多家长将孩子视为被动接受知识的容器,忽视了孩子是学习的主体,抹杀了他们的主动性、创造性。久而久之,孩子也把自己视为"听、写"的工具,觉得一切都在家长和老师的要求下去学习就行了,接受知识是被动的。这正是传统教学模式下产生的"要我学"的学习方式。这种学习方式已经越来越不适应现在社会对教育的要求。新课程改革已成为学习方式的一场革命,学习已成为孩子的主体性、能动性、独立性、创造性不断生成、张扬发展和提升的过程,这就要求孩子由知识的"容器"转化为"超越型"学习的主体,也就是由"要我学"的学习方式转化为"我要学"的学习方式。

总之,孩子是学习的主体,不是知识的容器。只要充分发挥孩子的积极性,就一定会将"要我学"转化为"我要学"。

魔力悄悄话

在苦难面前自强不息,就一定会赢得成功和幸福…人的一生难免要遭受很多的苦难,无论是与生俱来的残缺,还是惨遭生活的不幸。但只要勇于面对苦难,自强不息,就一定会赢得掌声,赢得成功,赢得幸福。

敢质疑才有发现

大科学家爱因斯坦在回答他为什么可以如此出色时说:"我没有什么特别的才能,不过喜欢寻根刨底地追究问题罢了。"爱因斯坦认为,提出问题比解决问题更加重要。他说:"在科学的研究中,发现问题要比解决问题难得多,意义也大。解决问题只是实验手段的问题,提出问题则需要改变思维方法,有创造能力才行。"

大文学家巴尔扎克说:"打开一切科学的钥匙,都毫无异议的是问号,我们大部分伟大发现应归功于为什么,而生活的智慧大概就在于逢事都问个为什么。"

诺贝尔奖获得者李政道认为,"学问"这两个字中,第一个字"学"和第二个字"问",意思就是一定要学着怎样去问问题,这才是真正的学问。古人云:"学贵多疑。"不疑不进,小疑小进,大疑大进,多疑好问,通过思考解决了问题就获得了知识,就增长了学问。

质疑就是对于各种问题都要持怀疑、好奇的态度进行思考。意识到问题的存在是思维的起点,没有问题的思维是肤浅的思维。有了问题才会思考,思考才能找出解决问题的方法。只有当感到需要问"为什么""是什么""该怎么办"时,思维才是主动的,才能真正深入思考。两千多年前,伟大的诗人屈原曾面对长空,发出著名的《天问》,他问天地变化,问世间冷暖,这些问题促进了科学家、哲学家们深入思考,唐代柳宗元则专门写了一篇《天对》来回答。

喜欢质疑的人总是能够取得成就的。著名的数学家希尔伯特就是这样的。希尔伯特是一个想象力异常丰富、善于提出问题的人。在 1900 年第二届国际数学家大会上,他做了题为《数学的问题》的报告,一举提出了

当时数学领域中的 23 个重大问题。这些问题,后来被称为"希尔伯特问题"。这些问题的提出,有力地促进了数学的发展。为此,希尔伯特总结道:"只要一门科学分支能提出大量的问题,它就充满着生命力,而问题缺乏,则预示着独立发展的衰亡或中止。"

李政道先生在与中国科大少年班师生座谈时曾经说过这样的话:"同学们在一些观念问题上有没有提出疑问,比如对牛顿软科学会不会问:我为什么要学习它?为什么它不可能是不对的呢?……你的老师讲牛顿软科学,为什么是对的呢?根据是什么?这样的年纪还没有这样的态度,将来就做不了第一流的工作。"

事实上,质疑是创新思维的源泉。对于一切总是不经思考而继承,把自己的大脑作为装知识的篓子,这样的孩子是无法独立思考的。

因此,父母应该注意培养孩子质疑的习惯,对孩子的质疑应该持鼓励的态度。有些父母认为,孩子提出疑问是故意刁难自己,所以会一口回绝孩子的提问,甚至训斥、恐吓孩子。这其实是非常不明智的。

引导孩子集中注意力

注意力是智力结构中的一个重要组成部分。注意力是指人专心于某事物的能力。一个人如果无法集中注意力,那么他是很难把一件事做好的。在现实生活中,孩子无法集中注意力是困扰许多家长的一大难题。

我经常对"小荷家园"的家长说,要冷静细心地观察孩子的行为,找出孩子不专心的根本原因,并耐心地帮助他加以解决,以便完善孩子智力的发展。

影响孩子注意力的因素主要有几个方面:

生理上的不健康导致孩子注意力不集中

近年来的研究发现,患有以注意缺陷为主要表现的"儿童多动症"的孩子,多数都有"感觉综合功能失调"的毛病。所谓"感觉综合功能失调",是指大脑不能将来自身体各部的感觉信息进行充分的加工整理。因为感觉在大脑中的综合(加工整理)就像食物在胃肠中消化那样,食物过少可引起消化不良,机体就得不到充分的营养;感觉不足或感觉在大脑中综合不好,大脑也会发生"营养不良",组织不好机体各方面的活动,导致注意力不集中、多动等异常现象。

精神卫生专家经过调查研究认为,儿童多动症患儿产生感觉综合功能失调的原因在于:城市中林立的高楼剥夺了孩子与绿地接触的机会;家长长期将孩子搂抱在怀中使孩子缺少练习抬头、滚地等成长所需要的活动;有的母亲为保持体形而要求剖腹生孩子,使孩子失去了唯一的经过产道挤压获得触觉训练的机会……这些原因使孩子没能得到足够的运动,大脑也就没有得到相应的感觉信息刺激而发育不良,因而出现注意缺陷、动作过多和自我控制能力差等症状。在这一理论的指导下,儿童多动症的治疗方法也得到了相应的改进,"运动疗法"成了治疗儿童多动症的有效措施,即在服药、教育管理及心理训练的同时,让患儿有计划地参加体育锻炼和嬉戏活动,如走平衡木、剪纸、摆积木、走迷宫、溜冰及各种球类活动等,为他们充分提供看、听、问、触摸等机会,使他们的大脑得到更多的感觉输入,再综合好这些感觉,作出适应性反应,大脑功能得到逐渐完善,从而以"动"制"动"。

无意注意过剩。

人的注意有"有意注意"与"无意注意"之分,前者是指自觉的、有预定目的的,必要时还需要作出一定努力的注意活动;后者是指没有自觉的目的和不加任何努力而不自主的、自然地注意。人在幼年时期以无意注意为主,随着年龄增长有意注意才逐渐发展完善。但如果在幼儿时期孩子受到过多的无意注意刺激,就会影响有意注意的发展。如电视中和社会上大量的广告词,朗朗上口,强制性地刺激人们的无意注意,幼小孩子对这些刺激容易接受,长期处于这种无目的、杂乱无章的无意注意之中,就阻碍了有意注意的发展,以致进入学龄期后仍无法集中注意力听课,甚至到了初中阶段,注意发展水平仅仅达到小学二三年级程度。在生活中,常常见到一些家长为孩子能熟背广告词而认为孩子聪明,加以夸奖,其实,这不但不能说明孩子的聪明,反而说明广告耽误了聪明的孩子。因此,幼儿看电视要有一定的时间限制,要选择适合儿童看的节目。

为高级自动玩具所"迷"

现在的高级自动玩具,往往一下就能吸引孩子,用不着孩子长时间琢磨如何玩法,如何玩得更好。如果同时有多种玩具在吸引孩子,孩子的兴趣自然会不断转移。所以,经常沉浸在高级玩具堆中的孩子,就比较容易出现注意力不集中的现象。家长应该只留几件玩具给孩子玩,将大部分玩具收起来,过一段时间再予以调换,使孩子的兴趣在同一方向保持一段时间,再给以新的刺激,以使孩子养成专注的习惯。

那么应该如何培养孩子注意力呢?培养孩子的注意力除了要解决上面谈到的几个问题之外,还要从以下几个方面入手:

1.坚持执行始终如一的规章和纪律;

2.在麻烦到来时,努力使自己的情绪保持冷静;

3.预料到孩子可能会出麻烦,并做好准备;

4.对任何积极的行为给予承认,作出反应,哪怕是很小的行为;

5.避免经常使用表示否定态度的语言,如"不许""停止""不";

6.把孩子的坏毛病同孩子本身区分开来,比如,可以和孩子说:"我喜欢你,但我不喜欢你不听话。"

7.给孩子制定一个非常清楚的作息表(规定好起床、就餐、玩耍、看电视和就寝的时间),让孩子严格遵守;

8.当你教孩子新东西时,要有耐心,解释要简短、清楚,要常常重复你的要求;

9.争取在房间内为孩子留出一块自己的空间,避免用鲜艳强烈的色调装饰,保持房间俭朴整洁,这有利于孩子的注意力集中;

10.让孩子一次只做一件事;

11.同孩子的老师一起交流对孩子有益的教育方式;

12.每次只允许一个朋友来家玩;

13.切忌可怜、嘲讽或过分地放纵孩子,也不要被孩子吓倒;

14. 给孩子一定的责任,这在成长过程中是至关重要的。交给他的任务应该是他力所能及的。他一旦完成了任务,即使完成得不理想,也要给予承认和表扬。

魔力悄悄话

　　无论何时,都要发挥自己的强项……我们每个人都有自己擅长的一面,在一帆风顺的时候,我们是在发挥、培养自己的强项,在遇到苦难的时候,我们更要发挥自己的强项,从而摆脱困难。

孩子为什么厌学

孩子厌学,可以说是一个非常普遍的现象,从小学到高中,甚至到大学,且随着年龄的增大越发明显。而且,不只是成绩不好的学生厌学,连一些成绩非常优秀,在老师眼里是好学生,家长眼里是好孩子都有厌学情绪。

据我了解,有些不愿意上学的孩子,喜欢把自己关在家里,到了学校就犯困,总想打瞌睡;少数孩子还伴有神经性反应,一迈进学校大门,就会出现拉肚子、低烧、头晕、胸闷等症状。可是,只要听说可以不上学,或者能够离开学校,就会马上"健康"起来。医生把这种奇怪的现象称作"厌学综合征"。另外,还有一些孩子成天迷恋网络和游戏,希望依靠这些来缓解学习的压力,这实际上也是厌学综合征的一种表现。

要改变孩子的厌学情绪,首先要弄清产生厌学情绪的原因,然后才能对症下药。

孩子产生厌学情绪的原因:

1. 精神疾病困扰孩子

资料表明,在退学、休学的学生中有 30% ～60% 是因精神疾病。厌学往往是孩子精神疾病的早期症状,其表现是不愿上学,不愿见人,甚至逐渐发展成不愿出门。有的出现敏感多疑,幻觉妄想等症状。对于这种情况应该早发现、早治疗。

2. 因智商原因导致孩子厌学

有学者将人的智力分为晶体智力和流体智力,智商分为操作智商和语言智商。孩子成长过程中有可能出现智力各部分发展不平衡。具体表现是某一方面成绩不佳,如家长或学校不了解这种情况,对孩子过多负性评价,就会影响孩子学习积极性,久而久之孩子就会出现厌学情况。

3. 神经心理功能缺陷导致孩子成绩落后

孩子厌学不单单是教育问题,还有神经心理方面的问题。如注意力缺损多动障碍,即人们常说的"多动症"。这种病有三个特点,一是注意力能够集中的时间短,有时上课只能保持5分钟以下的注意;二是多动;三是容易冲动。患儿由于不能抑制一些与学习无关的刺激,所以无法完成学习任务,造成学习成绩落后而厌学。

4. 抑郁症让孩子不喜欢学校环境

孩子的抑郁症状有时不典型,往往易于被忽视。患有抑郁症的孩子常有不安全感,胆小、害怕、心中不踏实。如有位学生,总是无端焦虑,总担心家里人会出现意外,上学时老是惦念家里,只有在家中她才会感到踏实。

5. 社交及学校恐惧症导致孩子厌学

有的学生装病逃学,或以各种理由不去上学,而只要回到家里就什么事也没有了。

6. 家庭环境影响孩子情绪

有些家庭夫妻关系紧张,无暇关注孩子,只有孩子出了问题才会关心孩子,孩子逐渐学会用自己不断出问题的方式缓解父母的矛盾。孩子往往用"不去上学"来引起家长的注意。有专家研究发现,厌学孩子的母亲往往患有长期焦虑,所以有人说"问题儿童的背后总有问题母亲"。

7. 家长的教养方式给孩子造成过多的压力

家长过度保护、过度关注、过度指导及过度限制也是造成孩子厌学的原因之一。有些家长对孩子物质上应有尽有,精神上百依百顺,使孩子只接受表扬,不能听到批评,心理承受能力很低,这些孩子往往容易在人际关系上受挫。如一个孩子只因一次没有喊"老师早"就自责、悲观,不敢去上学。一些家长不切实际的高期望值也是造成孩子厌学的原因之一。

面对孩子的厌学,家长该如何让孩子快乐起来呢?

1. 要让孩子体验到成功的快乐

孩子很在意别人对自己的评价,他是按照别人的评价去认识自己的。一个总是失败的孩子体验不到成功的快乐,也就不去努力了。对于一个从未完成过作业的孩子,家长最好让他先做几道容易的习题,让他能轻而易举地完成,再调整作业的难度。

2. 鼓励孩子自我激励

如果孩子能够经常自我激励、自我鞭策,他便会进步更快。家长首先要帮助孩子树立自我激励的目标。其次要让孩子学会自我暗示,经常对自己说激励的话,如"我一定能成功"。再次是让孩子在行动中摆脱消极情绪。

3. 指导孩子学习方法

在辅导孩子时,不要代替孩子学习,养成孩子的依赖心理和遇事退缩的习惯。要教给孩子获得知识的方法,如教孩子如何去查工具书,如何获得自己想要的资料等。

总之,要让孩子从苦学、厌学变为喜学、乐学,需要家长循循善诱,耐心指点。

魔力悄悄话

刻意去模仿别人,结果只会迷失自己……无论在什么时候,我们都没必要去模仿别人来改变自己,东施效颦,结果只会迷失自己,所以,我们要好好的爱自己,好好的做真实的自己。

好好运用人生两大宝

伟大的教育家陶行知先生曾写过一首诗："人生两个宝，双手与大脑。**用脑不用手，快要被打倒；用手不用脑，饭也吃不饱。手脑都会用，才算是开天辟地的大好佬。**"苏联教育家苏霍姆林斯基也说过："儿童的智慧在他的手指尖上。"因为孩子的手在活动时将信息传给大脑，大脑经过思维又不断地检查、纠正和改善手的动作，使之准确而有目的。因此手脑配合的灵敏和协调大大地促进了孩子的智力和动手能力。孩子的学习、生活都与手指的运动密切相关，而手和手指的动作又必将促进脑的发育。实践也证明，让孩子手脑并用，有助于开发孩子的多元智能。因此，父母要重视培养孩子的动手能力，为培养孩子的竞争力打下良好基础。

但是，在当前社会上，有的家长片面地把教育单一地看成智力开发，只要求进行知识灌输，只看孩子的分数而不看孩子动手能力的培养，有些父母为显示对儿女关怀的"无微不至"，就连整理书包、穿衣服、叠被子、系鞋带、系扣子等都统统代劳。殊不知，事事不让孩子动手，等于阻断了孩子探索、尝试的途径，久而久之，孩子就会失去对新事物的兴趣和探索精神，更重要的是导致孩子许多身体功能的退化，甚至连思维也会变得迟钝起来，从而严重地影响了孩子的全面发展。

因此，家长应该从小重视培养孩子的动手能力。有些事情需要家长引导孩子去做，而不是把所有的事情都帮助孩子做好。

在家教中心，有个母亲说："我的女儿自己动手的能力很强，在女儿5个月的时候自己就可以坐稳了，当时在给女儿喂饭的时候，我就有意识地让孩子自己动手，当然不要指望她自己可以好好吃，只要她可以把饭放到嘴里就行。千万别怕孩子弄脏衣服，或是弄得哪儿都是。只要让孩子把手洗干净,就算用手抓也不必太在意。这样不仅可以让孩子自由地享受用餐的快乐,而且还可以锻炼孩子的手眼配合,提高动作的协调性和用餐的积极性。"

这位家长的教育方法值得推广。当孩子具备一定的动手能力以后,就可以教他自己穿鞋子,然后自己穿衣服,自己收拾玩具等。记住,其中还有一些小秘密,就是鼓励孩子——你最棒了! 认同孩子——你可以做到,你上次就做得很好……

总之,要培养孩子的竞争力,不能只关注他们的智力,而应该让孩子的脑力和动手能力同步发展,这样才能培养出高素质的优秀人才。

魔力悄悄话

没有危机感的人,将面临更大的危机。为危机做超前准备,就会化危机为转机。21 世纪是终生学习的世纪,不学习就落后,少学习也落后,学慢了同样落后! 重要的学习机会,比别人少参加一次,当即就被他人超越。

人生精于勤，荒于嬉

李白是唐代诗坛上的一颗巨星，被历代文人称为"诗仙"。杜甫的"笔落惊风雨，诗成泣鬼神"，就是对李白诗歌高度的赞美。

李白小时候不爱学习。有一天，他看到一位老婆婆，在石头上磨一根铁杵。李白很纳闷儿，上前问："老婆婆，您磨铁杵做什么？"老婆婆说："我在磨针"。李白大吃一惊："这么粗的铁棍，何年何月才能磨成针呢？"老婆婆满怀信心地说："只要不停地磨下去一总有一天能磨成针。"这件事使李白悟出了一个深奥的道理："只要工夫深，铁杵磨成针，读书学习不也是这样吗？"从此，他刻苦读书，学问大有长进。除向书本学习外，李白还重视向社会学习。他一生出三峡，入湖北，游洞庭，登庐山，下扬州，走中原，访东鲁，进山西……走遍了祖国的山山水水，寻访名胜古迹，开拓了自己的知识领域，写出了广为流传，脍炙人口的诗歌，成就了一番事业。

"宝剑锋从磨砺出，梅花香自苦寒来。"大凡有作为的人，无一不与勤奋的习惯有着难解难分的渊源。清末"梨园三怪"就是最好的佐证。

双阔亭自小学戏，后来因疾失明，从此他更加勤奋学习，苦练基本功，他在台下行走要人搀扶，可是上台表演时却寸步不乱，演技超群，终于成为功深艺湛的名须生。

盖鸿寿幼年身患软骨病，身长腿短，头大脚小，走起路来很不稳当。可是，他暗下决心，勤学苦练，扬长避短，后来一举成为丑角大师。

王益芳先天不会说话，平日看父母演戏，默记于心，虽无人教授，但他每天起早贪黑练功，长年不懈。艺成后，一鸣惊人，成为戏园里有名的武花脸，被戏班子奉为导师。

竞争力——待到春花烂漫时

天才来自勤奋,就"梨园三怪"来说,他们各自都身带残疾,他们为什么能够成才呢?这是因为他们不被自己的缺陷所压服,身残的压力让他们更加坚定了人生的信念,再加上勤奋,于是他们成就了一番事业,同时,也改变了自己的命运。

中文文字处理系统(WPs)的发明人求伯君出生于浙东天姥山区一个偏僻、贫瘠的小山村。饱受饥寒的母亲蔡德钦虽然没什么文化,可她坚信文化知识可以改变一个人的命运。她见小伯君聪明伶俐,发誓无论生活多么艰难,也要送他去读书。于是,小伯君就被母亲送进了学堂。

12岁那年,求伯君不负所望,以第一名的成绩升入中学。他知道家里供他上学不容易,于是更加努力拼搏,功夫不负有心人,1980年,他考上了国防科技大学信息工程专业,从此与电脑结下了不解之缘。

求伯君后来的成功,靠的也是勤奋。

所以说,培养勤奋的学习习惯,对于孩子们来说是很重要的。孩子一旦养成了不畏劳苦、敢于拼搏、锲而不舍、坚持到底的良好品质,将来无论干什么事,都能在竞争中立于不败之地。

那么,父母如何培养孩子勤奋学习的习惯呢?具体可以参考以下方法。

1.培养孩子的耐心

家长在平日里应该注意锻炼孩子的耐力,这样,孩子学习才能持之以恒。

2.培养孩子的责任感。

要教育孩子无论什么时间,做什么,都要有明确的目标,今天要做的事,今天完成,不要等明天再做。

3.让孩子遵守作息时间

可以和孩子一起制订一个时间表,每天什么时间起床,什么时间上学,什么时间放学回来,什么时间休息、睡觉,复习功课用多长时间,等等,要通盘考虑,合理安排,忙而不乱。同时,要教育孩子认真遵守。

4. 多给孩子讲名人勤奋学习的故事

给孩子介绍名人刻苦学习的事迹,激发他的积极性,增强其学习的毅力,培养其勤奋学习的良好品质。

5. 让孩子学会利用时间

时间是由分秒积累而成的,善于利用零星时间的人,才会取得更大的成绩。最关键的是要培养孩子的惜时意识,只要有了这种意识,孩子自己都会想一些办法把零星的时间利用起来。

在学习的过程中,孩子难免会觉得枯燥乏味、心浮气躁,这时候,父母一定要做孩子强大的后盾,鼓励孩子养成勤奋学习的好习惯。

魔力悄悄话

在运动场上,裁判员不是根据起点的先后认定名次,而是看谁先到达终点! 作为观众,通常不会赞赏跑在最后面的人。竞争会推动社会进步,竞争会使我们由弱变强!

第六章
独立人生更具竞争力

独立是一种基础生存能力,是塑造自我、完善自我的首要条件。如果一个人在生活和工作中,总是依赖别人的呵护与帮助,即便他具有再高超的技能,也只能是在激烈的竞争中不堪一击。所以,独立能力是竞争力的必备前提。

一些父母认为:孩子还小,自己做事有危险,待孩子大了,到一定的年龄,自然会懂得独立。以致于很多孩子到四五岁时还不会自己洗手,凡事依靠父母。而事实证明:越早独立的孩子,长大后的自理能力越强,也更能适应现代社会的激烈竞争。

会独立才会生存

达尔文的"适者生存"早已深入人心,生活在如今这个充满竞争的时代,只有学会独立才能生存。可是,现在的孩子在家长的呵护和溺爱下,不少孩子存在非常严重的惰性和依赖心理。

安徽合肥市的一位10岁的女孩在家被菜刀划破手指,不知如何处理,惊慌失措地跑到阳台上,大喊救命,邻居们闻声而来,见此情景,哭笑不得。

其实,这种现象在我们身边并不少见。孩子摔倒了,大人不管孩子有没有受伤,都会抢着去扶,口里还急忙说:"这地(墙、桌等),真坏,打死它(手脚拼命地拍打着地)。"孩子有时突然心血来潮想擦地板,妈妈赶忙阻拦:"不用,不用。你还小,就算长大了这些事情也不用你干。"

日常生活中、学习中遇到一点儿困难,首先想到的不是依靠自己的力量来克服困难,而是求助别人。

长此以往,将会降低了孩子的生活适应能力,弱化了孩子的心理素质,这对孩子将来的生活、事业是极不利的,因此培养孩子能够独立生活的能力势在必行。

在"小荷家园",我经常对家长们说,家庭是孩子生活的主要场所,是孩子的第一课堂,父母又是孩子的第一任老师。

依赖性强的孩子并不是他笨,而是家庭教育不当造成的,一个孩子失去父母的温暖是可悲的,而一个孩子由于父母的溺爱失去生活能力更可悲。

那么,怎样培养孩子的生存能力呢?

让孩子走进大自然

大自然对孩子来说,是一本无字的生活教科书。只要打开这本书,展现在孩子面前的就是一个色彩斑斓的世界,那春天的翠绿,夏天的火红,秋天的金黄,冬天的雪白;那空中的大雁,河里的小鱼,地上的蚂蚁。通过观察、发现和探究,可以培养孩子的想象能力、创造能力和对学习的兴趣及探索精神。

要引导孩子认识社会

认识家庭住址及父母的姓名、单位。父母在孩子开始懂事时,就要有意识地教他们识别自己家庭周围的环境、父母的姓名和单位等。通过这样日常的培养,孩子走失找不到家的可能性就小多了,并且增加了孩子应付外界环境的自信心,使其遇事不致惊慌失措。另外,家长还要教孩子一些在马路上行走的常识。

学会交往

孩子从"独生"到独立是一个从小家庭走向社会的过程。伙伴交往便是沟通二者之间的桥梁。这种平等交流,互相学习,互相促进,双向互动,取长补短,获得信息的伙伴教育是家庭、学校教育无法替代的。

尤其是伙伴之间常伴随的争吵、摩擦、冲突和随之而来的委屈、恼怒、伤痛、愧疚、蒙受损失甚至被伤害,等等,都是性格的磨炼,感情的磨炼,然后孩子在吃一堑、长一智中变得聪明,提高能力。做父母的应设法为孩子创设交往的环境,创设学会合作的教育环境。及时地送孩子进幼儿园,带孩子走亲访友等,让孩子有机会与小朋友接触、游戏、交流。

在交往中,家长应指导孩子学会沟通和交流,学会谦让和礼仪,学会体察别人情感,了解别人的需求,学会正确处理与他人的关系,学会接受别人,奉献自己,学会做人的准则,逐渐规范自己的言行。

教孩子学会知难而进

国外的孩子走路摔倒了,多数不哭,因为从小受到的教育是严格的,孩子刚要哭,家长就说,站起来,往前走,以后走路要小心。孩子就是在一次又一次摔倒,一次又一次自己爬起来的过程中,学会了拼搏,学会了知难而进,这为他们日后的发展奠定了良好的基础。

　　未来是属于孩子的,孩子未来的路要他们自己去走。这一切都不是我们做父母的能代替得了的。我们一定要努力培养孩子做个独立的人,要让孩子经历风吹雨打,而不要一直呵护在温室里享受温暖,要让他们具有抵抗外界一切的能力。深爱孩子的家长们,请放开你们溺爱的手,让孩子成为一个独立的人。独立,才是孩子的生存之本呀!

魔力悄悄话

　　世界是动态的,一个人的水平和能力也不是静止的。没有谁敢主观断定明天或后天将出现的风云人物,一定不会是自己身边的人。这个世界,没有什么不可能的事,只是我们可能不知道有多少人私下里正在朝着自己的目标暗自努力!成功者不一定是聪明者,而是生活中的强者!任何人在竞争中取胜都会成为强者!

尊重孩子的选择

"孩子是要别人教的，毛病是要别人医的，即使自己是教员或医生。但做人处事的法子，却恐怕要自己斟酌，许多人开来的良方，往往不过是废纸。"鲁迅先生用诙谐的口吻道出了自主选择的重要性。

人生就是一个又一个的选择，一个人的选择往往决定了他的生活。

在意大利威尼斯城的一座小山上，住着一个天才老人。据说他能回答任何人提出的问题。

当地有两个小孩想愚弄这个老人，他们捕捉了一只小鸟，问老人："小鸟是死的还是活的？"

老人不假思索地说："孩子，如果我说小鸟是活的，你就会攥紧你的手把它弄死。如果我说是死的，你就会松开你的手让它飞掉。你的手掌握着这只鸟的生死大权。"

确实，每个人手中都握着失败的种子，也握着迈向成功的潜能。他有权选择成功，也有权选择平庸，没有任何人或任何事能强迫他，就看他如何去选择了。

许多孩子都缺乏自主选择的能力。一位心理学工作者去一家中学调查中学生的自主性状况，在被调查的 150 名学生中，当被问到在学习和生活中遇到难题，一时解决不了，该怎么办时，150 名学生的答案几乎相同：有困难当然是找父母解决。没有一名学生回答自己先想办法解决，实在解决不了，再找父母帮助。当被问到今后准备从事什么职业时，竟有 70% 的学生说要等回家问过父母后才能回答。

这位心理学工作者在总结他的调查结果时,不无忧虑地说:"缺乏自主性,对自我选择冲动的麻木,已是当代一些青少年综合素质的一个不容忽视的弱项。"

孩子不会自主选择的责任主要在于父母。许多父母出于对孩子的宠爱,既希望自己的孩子做得最好,又不放心孩子的能力,于是干脆以自己的选择来为孩子代劳。

很多事情孩子没有自主决定的权利,久而久之在孩子观念中就会认为自己的选择总没有别人的好,凡事都由父母决定好了,也就不爱思考、没有主见了。

学会自主选择在个人成长过程中是一项很重要的能力。很多父母会误认为孩子只有长大懂事后才好作自主选择,殊不知自主选择需要从小开始培养。不要代替孩子作出生活的选择,要懂得倾听孩子的心声,并尊重孩子的想法,让孩子作出选择,但要给孩子提出合理的建议并加以指导。

魔力悄悄话

很多人抱怨生活中缺少或没有光明,这是因为缺少或没有希望的缘故。无论在什么时候,多么艰难的困境中,只要活在希望中,就会看到光明,这光明也将会伴随我们的一生。

过度溺爱的危害

在"小荷家园",我常常提醒家长们,过度地帮助孩子,为孩子包办一切,实际上是对孩子的溺爱,而溺爱对孩子是十分有害的。

我们都知道,面揉得太过会成死面疙瘩。同样,爱给得太多也不是好事。一团筋道的好面,一定要有"醒面"的时间。爱孩子也一样,也要留有"空白",要给孩子空间,让他们的自主性得到锻炼和张扬。

如果说有一种方法一定可以使你的孩子成为不幸的人,这个方法很简单,就是溺爱,就是对孩子百依百顺。有不少父母认为,孩子要什么就给什么,有什么需要都满足,有求必应,在物质生活和精神生活上不让孩子受一点委屈,不遭一点磨难,这就是父母之爱。其实,这是一种有害无益的爱。孩子想干什么就让他干什么,要买什么就给买什么,久而久之,稍不如意,孩子就大发脾气,最后发展到在家称王称霸,蛮横粗野,生活上依赖性强,独立能力差,逐渐养成嫌脏怕累又懒惰的习性,经受不起一点打击和挫折。一味地迁就孩子,要星星不给月亮,要月亮不给太阳,最终会造成家庭悲剧。

现在的孩子大都是独生子女,他们在父母及长辈的庇护下,过着"衣来伸手,饭来张口"的生活。他们的自理能力较差,缺乏吃苦耐劳的精神和竞争意识,或者是优柔寡断,缺乏主见,或者是不会与他人相处、沟通等,这些都严重地影响孩子的成长。

父母对孩子的溺爱主要表现在几个方面。

1. 物质上过多给予

一些父母对孩子的物质要求是有求必应。那些收入并不宽裕的家庭,仍旧变着法给孩子买名牌衣服、名牌日用品,用名牌包装孩子。那些父母认为:"人家的孩子穿名牌,我们不能让人看不起。"问题出在哪里? 完全出在父母身上。

2.生活上过分关注

生活上关注、帮助应该适当,有的父母要把鸡蛋剥好了放在孩子手上,孩子才能吃,溺爱到这种地步实在是有些过分了。

3.个性上过分迁就

孩子犯了错不敢理直气壮地说,更不用说惩罚了。于是孩子离家出走,孩子任性、嘲弄父母等一切行为都来了。个性的迁就比生活上的过分帮助作用还坏。

美国詹姆斯博士告诫家长说:"依赖本身就滋生懒惰,精神松懈,懒于独立思考,易为他人左右等弱点。所以说,处处对孩子包办代替,这不是在帮助孩子,而是在坑害孩子。"此话切中要害!

每一位家长朋友都应该记住:坚强的性格是事业成功不可缺少的条件,性格坚强的人往往也是生活中的强者。因而,在家庭教育中,应该让孩子学会独立生活!

魔力悄悄话

生活中有很多创造财富的方式,但不是每一种方式都适合自己,也不是每一种方式都能让自己创造出很多的财富。但可以肯定的是,拥有一技之长,是最好的生存方法,凭借自己的手艺,就一定能够成就自己。

凡事包办要不得

豆豆今年已经12岁了，妈妈却还把她看成是个什么都要父母管的小孩子。不论在学习上，还是在生活上，不顾豆豆喜欢不喜欢，妈妈总是把一切都安排得好好的。豆豆有时也不同意妈妈的做法，妈妈却说："小孩子懂什么，妈妈都是为了你好。"

妈妈给豆豆买了很多衣服，并且多数是豆豆不喜欢的红颜色。豆豆向妈妈提出建议，妈妈却说："你不懂，买什么衣服你就穿什么衣服吧。"豆豆感到好委屈。

豆豆说："我知道妈妈很爱我，可是我很快就要小学毕业了，妈妈还不让我处理自己的事。我自己的事自己就是无权做主，在这个家里，怎么老没有人尊重我的意见！"

也许在父母们看来，今天的孩子已经足够幸福了。他们吃穿不愁，父母对他们关怀备至，唯恐委屈了他们，可以说从物质到精神应有尽有，他们没有什么理由不满足。可出乎父母的意料，孩子就是不满足。

孩子不满足的真正原因，父母未必知道。物质上的满足并不会给孩子带来多少幸福感，孩子只有在成长过程中自己做主干自己的事，并能够独立克服生活中遇到的困难时，得到的快乐才是真正的幸福。

我曾遇上这么一位学生，父母对他百依百顺，照顾得无微不至。早晨，妈妈一遍遍地哄着才睁开双眼，衣服拿到跟前，还得给穿上；起床后，被子妈妈来叠，脸妈妈给洗，饭妈妈来喂，饭后碗筷妈妈清洗，上厕所妈妈得准备手纸，甚至还得在一旁陪着，冲厕自然也是妈妈的事。书包父母给收拾好，上学时，还得替他将书包挂上肩，来回上学自然由父母接送。就这样，他一直在父母的保护下上完了小学。

进入初中,由于家离学校较远,必须住校。这样一来,孩子的弱点一下全都暴露出来了。虽然已经十几岁了,但孩子什么都不会,生活基本不能自理。

每个家长都希望自己的孩子勇敢、坚强、独立,而不是事事依赖别人。但孩子的独立性不是天生的,家长在希望孩子独立的同时,却又按照自己的意志包办代替孩子的一切事情,忽视了孩子的主观能动性,剥夺了孩子走向独立的机会。孩子也有自己的思考和行事方式,更有自己的人生道路,要想让孩子早日独立,父母就要在日常生活中放手,让孩子做自己生活的主人,而不要一味地去做孩子的拐杖。

我们家长必须明白这样一点:做父母的永远也不可能服侍孩子一生。让孩子走向自理、自立、自主,让他们不断地适应社会、立足社会,最终以过硬的本领和超群的才华奉献社会,实现他们的人生价值才是我们父母的最大心愿。因此,我十分诚恳地给各位家长提出建议:为了你们晚年的幸福,为了孩子美好的未来,为了我们祖国的兴旺和发达,请你们不要为孩子包办一切。

魔力悄悄话

在困难面前,很多人会失去自信,自尊,会被击垮,这些人成了苦难的奴隶;也有一些人仍然保持着自己的尊严,不向苦难低头,这些人把苦难当成了奴隶。相对而言,后者是令人敬佩的,因为这体现了人性的光辉和伟大。

独立生活是慢慢培养的

张萍带着儿子小明去国外旅游。一天,她们到一个外国朋友家做客,晚餐时,热情的女主人问小明喝点什么饮料,张萍抢着回答说:"随便,大人喝什么孩子也喝什么。"女主人很不理解地说:"应该让孩子自己选择。"张萍还是坚持己见,小明当然没有权利选择爱喝的饮料了。

次日,张萍带小明去公园。那天春光明媚,草地上有很多外国小朋友在玩耍,小明拿着刚买的纸飞机加入了孩子们的行列。当小明回到张萍身边时,手里却拿着一辆玩具汽车,这是小明用纸飞机换来的。张萍十分震惊,大声训斥小明怎么可以用廉价的纸飞机去换人家昂贵的玩具汽车呢?张萍马上带小明找到交换玩具汽车的外国小朋友及其母亲,张萍深表歉意,说孩子不懂事,不可以做这样的不等价交换。然而这位外国小朋友的母亲却平静地说:"玩具汽车是属于孩子的,应该由孩子自己做主。如果你的孩子喜欢,玩具汽车就归他了。"同时她还表示,过一会儿要带孩子去玩具店,让他知道这辆玩具汽车值多少钱,可以买多少纸飞机,以后就会正确评价自己所做的事。

张萍的做法在国内司空见惯,做客时不让孩子选择喜欢的饮料是为了不麻烦主人,不准孩子用纸飞机交换玩具汽车是不让孩子贪小便宜,似乎无可非议。但张萍却忽视了十分重要的一点,那就是不尊重孩子的选择,使孩子从小丧失独立自主性格。

国外儿童教育十分重视孩子的独立自主性格,强调尊重孩子的选择,认为不尊重孩子的选择,会抑制孩子的独立行为,容易使孩子的个性受到压抑,身心不能得到全面和健康的发展,容易造成孩子只会做别人做过的事,不会做别人没有做过的事,没有独特性,也很难有另辟蹊径的创造性。从小在父母的过度保护下生活,处处有父母的照看,事事按父母的主意去做的孩子,长大后往往优柔寡断,缺乏勇敢面对困难的精神和处理实际情况的能力。家长把自己的意见强加于孩子,处处包办代替,会增长孩子的依赖性和惰性,一离开家长,就不能独立行动,不善于和同龄人交往,不利于交际能力的培养,而人际交往技巧是情商的重要组成部分,一个人的成功与否,情商往往比智商更重要。

独立生活能力是每个人生存和发展的基本能力,这种能力不是天生的,而是逐步培养起来的。首先要从尊重孩子的选择、培养孩子的独立精神做起。父母是孩子的第一任老师,要以身作则,给孩子树立有主见和独立自主的榜样。如果父母本身就是一个处处依赖他人的人,什么事都拿不定主意,动不动就要求别人帮助,那就很难指望孩子成为果断、刚毅、有主见和独立自主的人。父母要了解各个年龄阶段孩子所普遍具备的能力,知道什么年龄能做哪些事情,大胆放心地让孩子自己去选择,自己去做,让孩子在自主选择、自己去做的过程中主动探索,这是认识世界、认识事物最自然和最有效的方法。当然,培养孩子的独立自主性格,也不可急于求成,要循序渐进。

魔力悄悄话

只有付出十分的努力,并且能够一直坚持到底的人,才能比别人优秀,才能先于别人取得成果,取得成功。

独立性培养有方

　　家庭是培养孩子独立性的首要场所。任何一个孩子,都是由于父母的教育和环境的影响,才形成了不同的人格品质和能力的。儿童心理学研究表明:孩子心理活动的主动性明显增加,喜欢自己去尝试体验。家长可以因势利导,把握孩子这个时期的心理特点,在保证孩子安全的前提下,放手让孩子去做力所能及的事情。

　　具体而言,家长应该从几方面入手培养孩子的独立性。

放手让孩子做力所能及的事

　　孩子的独立性是在实践中逐步培养起来的。从两岁开始,随着他们身体的发育,大小肌肉群的逐渐成熟,心理能力的不断提高,孩子已可以在家长的帮助下,逐渐学会自己吃饭、自己穿衣、自己睡觉、自己收拾玩具等,逐渐树立独立意识。

　　在这个过程中,家长要认识到,年幼的孩子总是在反反复复中感受着劳动的乐趣,独立做事的快乐。从不会做到逐渐学会做,从做得不像样到做得像样,这是必然的规律,也是必经的过程。正因如此,家长就应放手让孩子锻炼,不要怕他们做不好,也不能求全责备,更不能包办代替。对于孩子独立去做的事,只要他们付出了努力,无论结果怎样都要给予认可和赞许,使孩子产生信心。"我行"这种自我感觉很重要,它是孩子独立性得以发展的动力。孩子自己做事常常做不好甚至失败,在这种情况下,家长应鼓励孩子再去做,绝不能动辄就说"我说你不行吧,就会逞能",更不要见孩子做不好就伸手代劳。当孩子执意去做那些难度较大的事时,家长应予以鼓励并给予帮助。这样会提高孩子的积极性,增强他们的自信心,增加他们锻炼的机会,养成独立的习惯。

培养孩子初步独立思考的能力

我国著名儿童教育家陈鹤琴先生说过:"凡是儿童自己能够想的,应当让他自己想。"遵循这样的原则教育孩子,就能培养其独立思考的能力。

孩子具有好奇好问的天性,对待他们所提出的问题,家长应启发他们自己动脑筋去想、去寻求答案。

陈鹤琴先生在提出上述原则时曾举了一个实例:有一天,一个9岁的孩子问他:"竹管里有空气吗?"陈先生没有直接回答,而是拿了一根两头有节儿的竹管,放在水盆中,在竹管上钻了一个洞,孩子见一个个小泡儿从洞中冒出来,便纷纷说:"空气!空气!"这样,他们自己得出了答案,显得格外兴奋。

我们有的家长很注意丰富孩子的知识,也常常耐心地回答他们提出的问题,但往往忽略培养他们独立思考问题的能力。例如,我常见家长给孩子讲故事,一页页地讲,一本本地讲,孩子只是静静地听。其实,给孩子讲故事,家长也应适当提出问题让他们参与,培养孩子独立思考问题的能力。

用挫折培养孩子自我抉择、解决问题的能力

我们的教育常常是注意培养孩子顺从听话,不大注意去倾听孩子的需要,从生活小事一直到孩子的发展方面都由家长一手包办了,因此我们的孩子缺乏自己作决定的机会和权利,就很难培养孩子自我解决问题能力。

独立生活能力差的孩子依赖性强,缺乏进取心和毅力,遇事容易打退堂鼓。这大多是成人娇惯、包办代替的结果。在孩子的成长过程中,我们应给孩子创造机会,培养孩子自己作选择和处理问题的能力。让孩子在尝试的过程中感受失败,这样孩子就会从失败中记取教训而成长起来。一个人在成长的过程中,不可避免地有成功,也有失败和失误。而且通常是经过无数次的失败,才能获得较大的成功。在生活中,要培养孩子的自我完善能力,要让孩子学会自我观察、自我体验、自我批评、自我控制,培养孩子的自我抉择、解决问题的能力。

家校互动,提高孩子的独立性和自理能力

孩子上学后生活在两种环境里,孩子的独立能力并不是只在学校里靠教师教育锻炼就行的,他们生活中更多的时间是在家里的,如果家长不重视,总是包办代替,孩子自我服务能力很差,这也给老师培养孩子自理能力工作的开展带来一定难度。因此,让家长了解培养孩子独立能力的重要性,争取家长的理解和配合,以保持家校教育的一致性是非常重要的。孩子独立性的培养需要家校合作,齐心协力。因为孩子只有在要求一致的前提下,才会有一个明确的目标,继而努力。久而久之,孩子的自理能力会得到提高,其他能力也会相应得到发展,最终实现全面发展。

魔力悄悄话

多和自己竞争,没有必要嫉妒别人,也没必要羡慕别人。很多人都是由于羡慕别人,而始终把自己当成旁观者,越是这样,越是会把自己掉进一个深渊。你要相信,只要你去做,你也可以的。

主动奋斗才能突破逆境

　　人的一生注定既有高潮也有低潮,既有峰顶也有低谷;不可能永远春风得意、一帆风顺,也不可能永远背时背运、道尽途穷。所有的困难都有尽头,只要一个人拼力攀登,就可以更快地到达顶峰;只要一个人主动奋斗,就可以更快地突破逆境。

　　海伦·凯勒是美国著名的聋哑作家。她在两岁的时候就被病魔残酷地夺走了视觉、听觉和说话的能力。看不见、听不见、不能说话,这对于一个两岁的孩子来说,真可谓是生活在三重苦难的地狱中。正当她的父母为她将来的生活忧愁时,帮助他们的天使出现了。一位家庭女教师来到她家,教会了小海伦如何与人打交道,如何表白自己。海伦在老师的帮助下,刻苦学习,最后考上了著名学府——哈佛大学。她在老师的无私帮助下,在全世界旅行,并献身于帮助聋哑人的教育事业。

　　遭遇挫折是人生必经的坎。当挫折来临的时候,我们没有选择,只能接受不可避免的事实并作自我调整。在荷兰阿姆斯特丹有一座 15 世纪的教堂遗迹,上面留有一段题词警策人心:"事必如此,别无选择。"消极逃避可能毁了一个人的生活,也许会使这个人的精神崩溃。英王乔治五世在白金汉宫的图书馆就写着这样一句话:"请教导我不要凭空妄想,或作无谓的哀叹。"

　　哲学家叔本华也曾表达过同样的看法:逆来顺受是人生的必修课。诗人惠特曼的话同样说明了这种人生必不可少的态度:"让我们学着像树木一样顺其自然,面对黑夜、风暴、饥饿、意外与挫折。"既然遭遇挫折是人生必经的坎,那么我们就必须教孩子学会接受挫折。

　　所谓挫折,是指事情不如预期时的情境与感受。不同年龄的孩子会有不同的挫折经验,也有不同的表现。对幼小的孩子来说,他想要玩具,妈妈却把它收起来了;他想吃肯德基,妈妈不允许,这些都可能导致他有受挫折的感受。面对挫折时,年幼的孩子通常是以哭闹或发脾气的方式表现出来。对学龄期的孩子而言,挫折感的来源就与幼儿不一样了,他们可能是遇到困难无法解决,或无法达成预期的目标,例如希望能考个100分,结果只考了80分,这时候的孩子在面对挫折时,表现出的则是生气、沮丧、觉得丢脸等情绪反应。

事实上,对于孩子来说,挫折的发生是不可避免的,那么,父母该如何帮助孩子战胜内心的恐惧,成为解决问题的能手呢?父母应该如何培养孩子的抗挫能力呢?

1. 父母要树立挫折教育意识

许多父母都认为,幼小的孩子心理承受能力差,应该对孩子保护有加,挫折会让孩子感到痛苦和紧张,不应该让孩子遭受太多的挫折。这种观念直接影响了孩子。

2. 让孩子学会自己生活

父母千万不要把孩子当成弱者来看待。只有让孩子自己去做事,他的双手才会有力;只有让孩子自己去站立,他的双腿才会强壮;只有让孩子自己去承受,他的意志才会坚强。

3. 鼓励孩子克服困难

每个人都经常会遇到困难和挫折,有的孩子在逆境中易产生消极反应,往往会垂头丧气,采取逃避的方式。

要改变这种现象,就必须在孩子遇到困难时,教育孩子勇敢面对挫折。向困难发起挑战。例如,当孩子登山怕高、怕摔跤时,就应该鼓励孩子说:"别怕,你行的!摔一跤算什么?""你真勇敢!"当孩子战胜困难时,他们便会增添勇气,激起战胜困难的愿望,害怕的心理就会消失,自信心就会增强,这时孩子会认为自己行,自己可以克服困难,抗挫折能力也就培养起来了。

4. 在孩子遇到挫折时,温情地引导孩子

生活中的不如意太多了.对孩子来说,家人的温情与支持是信心的来

源。人是有感情的动物,我们多么希望孩子能一切顺利,但是挫折却像影子一样跟随着孩子的一生,我们只好把它当做生活里正常的一部分,以一颗平常心去对待。因此,当孩子面对挫折的时候,父母更应看重孩子的心灵,用温情去温暖孩子,对孩子进行引导,避免挫折对孩子的心灵造成伤害。

5. 提高孩子的应变能力

灵活应变是指能够根据各种环境及状况的变化而作适当的调适,同时还能充分掌握自我,沉着而不失理智。这是孩子处理困难和挫折的重要能力。培养应变能力,随时准备行动,把握机会或解决问题,可以帮助孩子变得更果断。

魔力悄悄话

在文化发展的道路上,竞争亦促进发展,春秋战国时期是中国历史上第一个也是最为瑰丽丰富的文化繁荣期。是竞争促成了百家争鸣的文化繁荣局面,这是"罢黜百家,独尊儒术"后的文化"大一统"事情无法达到的高峰。

自我激励的妙用

1949 年,一位 24 岁的年轻人充满自信地走进了美国通用汽车公司。他是来应聘做会计工作的。这位年轻人来通用汽车公司应聘只是因为父亲告诉他,通用汽车公司是一家经营良好的公司,父亲建议他可以去看看。在面试的时候,这位年轻人的自信给面试他的助理会计检查官留下了深刻的印象。当时,通用汽车公司只有一个会计的名额,面试官告诉这个年轻人,竞争这个职位的人非常多,而且,对于一个新手来说,可能很难立即胜任这个职位的工作。但是,这个年轻人根本没有认为这是一个困难,相反,他认为自己完全可以胜任这个职位,更重要的是,他认为自己是一个善于自我激励、自我规划的人。

正是由于年轻人具有自我激励和自我规划的能力,他被录用了! 录用这位年轻人的面试官这样对秘书说:"我刚刚雇用了一个想成为通用汽车公司董事长的人!"这位年轻人就是罗杰·史密斯,1981 年,他担任了通用汽车公司的董事长。罗杰在通用汽车公司的一位同事阿特·韦斯特这样评价他:"在与罗杰合作的一个月当中,他不止一次地告诉我,他将来要成为通用的总裁。"

德国人力资源开发专家斯普林格在其所著的《激励的神话》一书中写道:"强烈的自我激励是成功的先决条件。"美国著名黑人民权运动领袖马丁·路德·金说过:"世界上所做的每一件事都是抱着希望而做成的。"

事实上,正是这种高度的自我激励精神使罗杰朝着自己的目标不断前进,而且,他确实实现了他的目标。美国哈佛大学的威廉·詹姆斯发现,一个没有受过激励的人,仅能发挥其能力的 20% ~ 30% ,而当他受到激励时,其能力可发挥 80% ~ 90%，即一个人在通过充分的激励后，所发挥的作用相当于激励前的 3 倍至 4 倍。

1991 年，一个名叫坎贝尔的女子徒步穿越非洲，不但战胜了森林和沙漠，更通过了 400 公里的旷地。当有人问她为什么能完成这令人难以想象的壮举时，她回答说："因为我说过我能。"问她对谁说过这句话，她的回答是："对自己说过。"圣女贞德说："所有战斗的胜负首先在自我的心里见分晓。"

确实如此，每一个人的内心都存在着需求激励的欲望，只有激励才能激起自己的激情和热情。因此，如果一个人在其他方面都具备的条件下，又善于自我激励，他的成功率就会高得多。对孩子而言。通过自我激励可以提高自我形象，从而使他能够有良好的表现，而良好的表现反过来又促进孩子作出自我激励。"我今天的表现真不错！"将会演变成"我的表现总是不错！"从而促进孩子不断进步。在生活中，父母要注意引导孩子进行积极的自我激励，教孩子通过自我激励来激发自己的潜能，一步步迈向成功。具体而言，家长可以通过几种方式来鼓励孩子自我激励、自我赏识。

1. 帮助孩子确立自我激励的目标

当一个孩子因为背不过课文而苦恼时，你可以告诉他，心理学家认为一个人的记忆潜能全部开发之后，可以记住 5 亿本书的内容。这时，如果孩子能为记住 5 本书而努力，他就已经迈出了自我激励的第一步。

2. 让孩子学会自我暗示

可以鼓励孩子经常向自己说一句自我激励的话，如"我一定行""我会做得更好"。

3. 让孩子在行动中摆脱消极情绪

如果孩子因学习成绩不好而感到难过，最重要的是告诉孩子采取什么行动来改变这种状态。

4. 改变赏识用语的主语

让孩子不再依赖外部赏识的一个最方便的方法是，在你对孩子的赞扬中改变主语:只要把"我"改成"你",把父母对孩子的赏识和鼓励改成孩子对自己的赞扬。这种简单的变化去除了赞许声中家长自我强调的色彩,而是更多地让孩子认识到自己的行为是正确的。如:"你今天这么用功,我真为你感到骄傲。"可以改为:"你今天这么用功,你一定为自己感到骄傲。"

5.鼓励孩子自己赞扬自己

指出他们做得正确的事,然后提醒他们从内心承认自己。比如,你的孩子在做了一件错事后主动承认错误,这时,你可以告诉他:"承认错误需要非常大的勇气,你应该对自己说'我做了一件正确的事,一件了不起的事。'"

强化孩子的自我激励。把孩子对自我的肯定稳定下来,并且加以强化。让孩子领会到:自己的努力和良好的行为是一种很好的奖赏。经常鼓励孩子记录自己获得的成功,告诉孩子,成功的定义是:自己对自己作出的任何改进,以及为这种改进付出的努力。也可以鼓励孩子在自己行为良好或尽了全力追求成功的时候,写一封信给自己,在信里描述自己认为好的行为,并且对此提出赞赏和鼓励。

魔力悄悄话

竞争是发展的强大动力。在竞争的压力下,我们前进、突围、避险、拼搏……竞争不是成功的坟墓,而是成功的摇篮,有竞争,才有发展!

第七章
人生须多竞争少攀比

竞争，是市场经济条件下的一种正常的社会现象。争创业绩、争出效益、争作贡献，可以使人们明确追求和奋斗的目标，可以给社会进步以极大的推动，它的着眼点是事。

然而，攀比则是人们有意无意间常在进行的一项精神活动，同学聚会、朋友话旧、邻里聊天、亲戚往来都可以成为攀比的发端——这一些就会生出得意与失意，优越感和自卑感。它的着眼点是人。可见，竞争是事与事的较量，攀比是人与人的倾轧。因此，人生在世应多竞争、少攀比、多琢磨事、少琢磨人。

常保持平淡的心态

在荷兰首都阿姆斯特丹的一座 15 世纪的教堂废墟上留着一行字：事情是这样的，就不会那样。这句话是告诫我们不要抱怨已经发生的事，而应该学会释然。

这是一个和释然有关的真实故事，是无数第二次世界大战期间发生的故事中的一个：

一位名叫伊莎贝尔·萝琳的女人同时送走了丈夫约翰和侄子杰夫参军去前线。不幸的是九个月之后就接到了丈夫约翰的阵亡通知，她伤心至极，如果不是侄子的信，她甚至不知道自己是否还能坚持下去。可是一年半以后的一份电报再次重复了她的不幸：她的侄子杰夫，她唯一的一个亲人也死在战场上了。她无法接受这个事实，决定放弃工作，远离家乡。把自己永远藏在孤独和眼泪之中。

正当她清理东西，准备辞职的时候，发现了当年侄子杰夫在她丈夫去世时写给她的信。信上这样写道："我知道你会撑过去。当我的父母意外去世时你曾这样对我说。你还告诉我在天堂里的父母会看着我，他们希望我坚强而快乐地生活。我永远不会忘记你曾教导我的：不论在哪里，都要勇敢地面对生活，像真正的男子汉那样。现在，为了我也为了天堂里的约翰，我也要你勇敢地面对这个不幸，别忘了你是我最崇拜的好姑妈，请露出你的微笑，能够承受一切的微笑。"

她流着泪把这封信读了一遍又一遍，似乎杰夫就在她身边，一双炽热的眼睛向她发出疑问：你为什么不照你教导我的去做？

萝琳打消了辞职的念头，并一再对自己说：我应该把悲痛藏在微笑后面,继续生活。因为事情已经是这样了,我没有能力改变它,但我有能力继续生活下去,并且会像侄子希望的那样好。她真的做到了,因为她学会了在无法挽回的损失面前释然。此后她不但积极工作,还把余下的生命时光全部献给了福利事业,帮助了无数更需要帮助的人。

人生是一场单程旅行,一去不返。所以在有限的生命历程里,一定要善待自己的生活,认清自己的实力,从事自己能胜任的工作。避免走这篇故事的主人公的弯路:他在现实生活中是一个极度自卑的人,因为受教育的程度与他现在工作的要求差距很大,有限的知识积累已不能十分胜任这份工作,而且没有一技之长,社会经验和阅历都不甚丰富。他深知自己的缺陷,也尽力去弥补,但总也找不到合适的方法,收效甚微。为此他心理承受了巨大的压力,当看到与自己年龄相仿的朋友一个个都比自己强,甚至比自己年龄小、学历低的人都已超过自己时,他更是急上加急。想尽了各种办法,比如投入更多的时间看书读报、学英语、上补习班……几乎在他现今能力所能做到的补差方法都做到了,但还是收获不大,工作中还是时常碰壁,自卑的情绪更加严重,几乎到了神经崩溃的边缘。无奈之下他只好求助于心理医生。听了他的情况,医生告诉他学习是一项长久坚持的事情,学习的成效与其他事情不一样,效果不是当时就能看得到的,它是一种内在涵养的提高,在生活中只能潜移默化地起作用。

最后医生告诉他一个治疗方法,就是去找一份与自己的学识水平相当的工作,甚至稍低一些会更好。因为相对简单的工作,可以使业余时间加长,而且还可能会干得比现在好,有利于增强自信;如果利用多出来的空闲时光读书学习,会使自己的生活更充实。他照着医生的建议去做了,一年以后,他神采奕奕地站在医生面前,不是来看病,而是来感谢医生。

因为他学会了在无法弥补的缺失面前释然。其实,解决问题的方法很简单,就是使自己处于能解决问题的地方。认清自己,知道自己适合什么,让自己处于最佳的位置。学会用释然驱散生活事业的阴云,就会让自己生活在一片晴空之下。

让释然成为好心态的一部分也不难,只要你随时能够在不可避免的不如意面前释然；在无法弥补的缺失面前释然；在难以挽回的损失面前释然；在种种只能这样不能那样的事情面前释然。也许，当我们学会释然之后会惊喜地发现，曾令我们困苦不已的阴云已经消散。其实，如果不是我们的心看不开，事情原本就不像我们想象的那么糟糕。

魔力悄悄话

　　每个人都有自己的特长，你也不例外。只有充分发挥自己的才能优势，才能取得事半功倍的效果。所以，你所要做的就是，找出你的才能优势，并适当地运用它。

少攀比少生气

德国学者康德说过:"生气是拿别人的错误惩罚自己。"的确,很多人遇到一点儿不顺心的事,便不问原因地火冒三丈,怒不可遏,这样非但解决不了问题,还会影响自己的心情,让问题尖锐化。

有这么一个故事:

一对刚结婚的男女,去海边度蜜月,一天,他们在海边游泳,正在他们游得很开心的时候,看到一只鲨鱼向他们这边游来。

于是他们拼命地往岸边游,可是他们游得太慢了。鲨鱼与他们的距离越来越近,这时,那个男的,用脚使劲地踢那个女的,然后又把自己的手划开了一道很长的伤口。

那个女的,不知道为什么,在这种关键时刻,自己的丈夫怎么这么使劲地踢自己,当自己上岸的时候,看到丈夫却还在海里被鲨鱼紧追着。她的心里很复杂,又担心,又生气,幸运的是,一艘船经过把他救了上来,这时的男子,由于流血过多,已经昏迷不醒。

女的看到丈夫这样,一想起在大海里用脚踢自己,就更生气起来,把结婚戒指从手指上拿了下来,扔向了他。这时,一个老人走了过来,对那女的说,他踢你是为了让你更快地游到岸边,而他自己让自己流出那么多的血,就是为了吸引鲨鱼去追他,这样你就有足够的时间游回岸上。女的一听,原来是这么一回事,就抱着丈夫哭了起来。

在生活中,很多时候,我们往往都是在不知事情的真相的时候而生气,而当我们知道事实内幕后,又会为生气而懊悔,既然这样,当我们生气的时候,为何不让自己先静下心来思考一下呢?

其实大家都讨厌生气,那为什么那么多的人,整天为这,为那而生气?因为每个人都会有很多烦恼。但不管烦恼怎样,我们必须明白,每个人都是为了追求快乐、幸福来到这个世上的,既然目的都一样,那为何不把事情看得开一点,而且生气的结果是,不但没有解决任何问题,反而损害了我们自身的健康。

一个爱生气的人,因为连续几天的倾盆大雨站在院子中央,指着天空大骂:"你这糊涂、不长眼睛的老天,下这么多雨可把我给害惨了。屋顶漏了,衣服湿了,粮食潮了,柴火湿了……我倒霉你有好处吗? 还不停,还不停……"

这时,邻居出来对他说:"你骂得这么带劲,连自己被雨淋也不顾,老天一定会被你气死,再不敢随便下雨了。"

"哼,它能听到就好了,可实际上一点用都没有。"骂天者气呼呼地回答。

"既然如此,那你为什么还在那儿白费劲呢?"邻居问。

骂天者顿时语塞,邻居继续说:"与其在这儿骂老天,不如先修好屋顶,再向我借些柴火,烘干衣服,烘干粮食。并不是天天下雨,不如趁下雨这个时候在屋里做些平时没空做的事情吧。"

与其做一个骂天者,倒不如做一个信天者好了。邻居的话说得很对,既然没有能力支配别人,那就一心一意地支配自己好了,这样更容易得到生活中的舒适。

难道不是吗? **生气是解决不了任何问题的,在很多时候,还使我们面临的问题加重。其实,只要我们把一切看得开一点,包容一点,很多让我们生气的东西,都将不复存在。**

古时有一个妇人,特别喜欢为一些琐碎的小事而生气。

她也知道自己这样不好,很想改正,可还是没有改掉。此时一位长者听说这事,对她说:"你可以去找个僧人,他们对制止生气最有办法。"妇人一听大悦,便去求一位高僧为自己谈禅说道,开阔心胸。

高僧听了她的讲述,一言不发地把她领到一座禅房中,落锁而去。

妇人气得跳脚大骂,骂了许久,高僧也不理会。妇人又开始哀求,高僧仍置若罔闻。妇人终于沉默了。高僧来到门外,问她:"你还生气吗?"

妇人说:"我只为我自己生气,我怎么会到这地方来受这份罪。"

"连自己都不原谅的人怎么能心如止水?"高僧拂袖而去。

过了几天,高僧又来了问她:"还生气吗?"

"不生气了。"妇人说。

"为什么?"

"气也没有办法呀。"

"你的气并未消逝,还压在心里,爆发后将会更加剧烈。"高僧又离开了,只留下妇人一人独自在禅房静静地思索。

又过了几天高僧第三次来到门前,妇人告诉他:"我不生气了,因为不值得气。"

"还知道值不值得,可见心中还有衡量。"高僧笑道。

当高僧的身影迎着夕阳立在门外时,妇人问高僧:"大师,什么是气?"

高僧将手中的茶水倾洒于地。妇人视之良久,顿悟。说道:"我明白了,气便是别人吐出,而你却接到口里的那种东西,你吞下便会反胃,你不看它时,它便会消散了。气是用别人的过错来惩罚自己的蠢行,何苦要气?"

高僧于是放了妇人说道:"你终于明白这个道理了。"

在人生中,我们会遇到很多让我们情绪波动的事情,但我们不是为了生气而生活,很多事情,其实是没有一点让我们生气的价值的,碰上了这些让自己生气的事,先学会说"没关系",遇到让自己生气的人,也别忘了提醒自己,看是不是自己的原因,每个人都有根据自己的选择来行事的权利,我们不可能要求每个人都按着我们的思路来办事。

　　集市有一妇女正站在一居民楼上,想跳楼自杀。当地的民警立即赶到现场,经过半个多小时苦口婆心的劝说,这位妇女终于放弃了跳楼的念头,民警将其安全解救下来。

　　经过询问,民警了解到,这名妇女在农贸市场卖菜。四五天前,她和临近的一位卖菜的老汉发生口角,事情的起因是老汉卖菜的价格比她的稍微低了点。原来,这位妇女的菜摊和老汉的挨着,前几天老汉把自己的菜价调得比她的低,结果生意就比她的好了点。这位妇女看不过去就和老汉理论,说着说着两人就吵了起来,吵了半天也没吵出个结果来。回到家后,这位妇女越想越生气,就把这件事和丈夫说了。第二天她的丈夫就和她一起来到市场,找老汉"算账",丈夫把老汉揍了一顿,为妻子出了气。

　　老汉的家人报了警,由于老汉受了点轻微伤,经民警调解,这位妇女和她的丈夫赔偿老汉医药费等共1000元钱,但是这位妇女觉得这钱赔得冤枉,一时非常生气,就想跳楼一死了之。

　　事后,这位妇女对民警说:"我也是一时太生气了,为这点儿小事就要跳楼,要是真跳下去,我不仅是害了自己,也害了我的家人。"

　　不是吗? 这个故事就是告诉我们不要对一些小事斤斤计较,耿耿于怀。用包容的心去面对让自己生气的事,毕竟生气是解决不了任何问题的,不要认为生气是正直、坦率、豪放性格的表现。退一步也不意味着懦弱,反倒是化解矛盾的良策,如果由此冰释前嫌,换得云消雾散,海阔天空,那何乐而不为呢?

　　当你在生活上或工作中遇到让自己生气的事情时,不妨读一读下面这首《不气哥》:

　　"人生就像一场戏,因为有缘才相聚。相扶到老不容易,是否更该去珍惜? 为了小事发脾气。回头想想又何必。别人生气我不气,气出病来无人替。我若气死谁如意? 况且伤神又费力。"

　　这首诗幽默、诙谐地告诫人们遇到别人的打击、伤害、不公平的事情时,想开一点,少生闷气和闹气,以免气大伤身。

　　其实,生气只会害了自己,一个人生气,别人都在笑,何苦呢! 人活在

竞争力——待到春花烂漫时

世上不容易,遇到上火的事情应该先冷静下来,思考一番,先把气压一压,好好想个办法,把不利转化成有利,也许一时冲动会坏了一件好事,但只要静下心来好好考虑,就会把坏事变成好事。

魔力悄悄话

　　人最怕找不到自己的位置,尤其是在自己出了名、有一定的地位的时候,更难以知道天有多高、地有多厚。因而,即使顶着成功的花环,也不能做"珠光宝气"之"秀",而是要不断提高自己的人生标准,使自己的人生得以升华。

冷静才有大作为能

古今中外，凡是有所成就的人，定有遇事不慌，沉着冷静的特点，也只有这样，他们才能正确地在危难中判断局势，灵活应变，取得成就。

一位有 26 年飞行经验的老驾驶员，在介绍他飞行史中最不平常的经历时说："第二次世界大战时，我是 F6 型飞机的飞行员。一天，我们接到战斗命令，从航空母舰上起飞后，来到东京湾。我按要求把飞机升到离海面 400 英尺的高度做俯冲轰炸，400 英尺在今天其实并不算什么，但在当时，这是个很高的高度了。正当我以极快的速度下降并开始做水平飞行时，我的飞机的右翼突然被击中，整架飞机翻了过来。人在飞机中，是很容易失去平衡的，尤其在天和海都是蓝色的时候。飞机中弹后，我需要马上判断我的位置，以便决定我应该向上还是向下操纵我的飞机。在我的飞机中弹的最初，在那生死攸关的关键时刻，我什么也没有做，没有去碰驾驶舱里任何控制开关，我只是强迫自己冷静、思考，决不能激动！于是，我发现蓝色的海面在我的头顶上，我知道了自己的确切位置，知道了我的飞机是翻转的。这时，我迅速推动操纵杆，把我的位置调整过来。在那一瞬间里，如果我冲动地依靠我的本能，一定会把大海当作蓝天，一头撞进海里，葬身鱼腹了。"

这位飞行员最终感慨道："我的冷静救了我的性命。"

在人生中，我们每个人都免不了会遭到这样那样的灾难。有一些人，面对从天而降的灾难，处之泰然，总能使宁静和开朗永驻心中。也有的人面临突变而方寸大乱，一蹶不振，从此浑浑噩噩。为什么受到同样的心理刺激,不同的人会产生如此的反差呢?其实主要的原因在于是否能够冷静应变。

中国历史上的昆阳大战,是一场以少胜多的著名战役,这场战役,汉光武帝刘秀的冷静应变的性格发挥了重要作用:

西汉末年,政治腐朽,经济凋敝,民不聊生,危机四起。

这时出身于外戚的王莽,便趁机夺取权力,终于在公元 8 年,自立为国王,改国号为"新"。

做了国王后的王莽,为了缓和尖锐的阶级矛盾,颁发诏令,进行改制。王莽改制没有能够解决社会危机,又对一些少数民族发动战争,结果劳民伤财,损失惨重,不仅加重了国内人民的负担,而且破坏了自汉武帝以来中央与周边民族的稳定关系。沉重的赋役,残酷的刑法,反而使百姓陷入更大的痛苦之中。终于爆发了全国性的农民大起义。

公元 16 年,王莽派更始将军廉丹和太师王匡率军企图一举消灭"赤眉"。结果被起义军打得大败。这时"绿林"军慢慢地发展起来了,而且他们还打着要恢复汉朝的旗号,这在对新朝极度失望的农民心中,很有号召力。

公元 22 年正月,绿林军各路大军会合一起,大破官军,并包围了南阳。起义军队伍迅速扩大,发展到十多万人。在此形势下,刘玄被推举为帝,改元更始。并派刘秀等人率部分兵力迅速攻下昆阳、定陵、郾县等地,与围攻宛城的主力形成掎角之势,与赤眉军在洛阳会师,西入长安,消灭王莽政权。

绿林军使王莽感到了前所未有的威胁,于是他急令司空王寻,司徒王邑前往洛阳,征发天下州郡军队进行讨伐,五月,王邑王寻指挥 42 万大军从洛阳出发,犹如一块巨大的乌云,浩浩荡荡地向昆阳压进。

而这时在昆阳的刘秀等人所带领的人马,不到一万人,敌我对比悬殊太大,各位将领都畏惧起来,纷纷商量着弃城逃走。只有刘秀一直在分析着局势,他对他们说:"现在我军正在围攻宛城,倘若我们一走,昆阳城一破,我们就像散沙一样,被敌人各个击破,只有死路一条,如今只有集中所有的力量,拼死一战,才能有死里逃生的可能。"大家都感觉刘秀说得很对,于是就派王凤、王常留守昆阳,刘秀去定陵和郾城调救兵。

刘秀刚走,昆阳城就被王莽军里三层外三层包围了个结结实实。

当时王莽军中有一个叫做严尤的人,对王邑王寻两人说:"昆阳城虽然很小,但是城墙很坚固,一时半会攻不下,还不如转移目标,去攻打现在还在攻打宛城的义军主力,主力消除。昆阳城的军队自然会被消灭。"王邑感觉这样简直是对他的侮辱,于是说:"我领兵将近50万,敌人不过一万不到,如果连一个小小的城池都拿不下来,还不被人耻笑?"于是大造云梯。命令攻城。杀声震天,箭矢如雨点一般射上城头,城中守军连头都抬不起来。

这时义军王凤看城破只在旦夕之间,便来请降,王邑王寻拒绝接受。此时的他们,真可谓志得意满,但他们万万没想到的是,一场巨大的灾难,正在悄无声息的靠近。

六月初一,雷雨大作,一切似乎都在预示着什么。完成部署的刘秀增援部队,拔营向昆阳城下进发,而刘秀亲自率领一千多名骑兵作为先锋,距王莽军四五里时列成阵势,准备接战。

王邑王寻自恃兵力雄厚,骄妄轻敌,一看对方只来一千来人,就随便派出了几千人迎敌,刘秀首当其冲,一下子连杀王邑军数十人,大家看见刘秀这么凶猛,于是一个个勇猛无比,把敌军杀得大败。

王邑王寻一看,自己几千人,就这样被杀得崩溃。拿对方没有一点办法,便撤退,可是,军中这时被刘秀人马杀得混乱,乱军中,王寻被杀,王邑逃走。

这样,40多万的大军,群龙无首,就像敌军的俎上鱼肉,这时,刘秀又叫人放出宛城已经被义军攻破的消息,本来就士气低落的王莽军,一听到这消息,更加不振,再加上昆阳守军突然也开门夹击,杀声震天动地,王莽军全军崩溃,逃的逃,死的死,这时天空突然暗了起来,电闪雷鸣,就在昆阳城外的一场暴雨中进行着一场杀戮。

这一战,昆阳守军不到一万人加上刘秀后来的一千人对抗王莽军46万,大胜而告终。

竞争力——待到春花烂漫时

其实对于有良好心态的人来说，出现一时的危机未必就是坏事，它恰恰给你提供了一个大显身手的舞台。毕竟，危机同时也常常潜藏着某种转机，而这种转机，总是偏爱遇事冷静的人。如果你缺少冷静，遇到危机就显露惊慌失措或悲观失望情绪，那么危机就会像疾病一样，从你的表情、言行迅速传染他人，其局面就愈发不可收拾。

第二次世界大战中，斯大林在德国法西斯侵略者兵临莫斯科城下时，仍照样举行节日庆典和阅兵典礼；汉高祖刘邦在鸿门宴中，生死存亡之间，仍能保持微笑。历史上还有许多的英雄，他们的镇静和自尊保持到生命的最后一刻。

其实，在人的生命中，难免会出现一些危机，如果我们不能时刻地保持冷静，就很可能使自己陷入困境之中，那么人生也就很难再有晴天的来临。

魔力悄悄话

美国历史上最受人尊敬的总统林肯曾经说过："人所能负的责任，我必能负；人所不能负的责任，我亦能负，如此，才能磨炼自己。"这里强调的是责任的问题。社会的每一个成员在其职业、文化、结社和消费活动中，每天都应承担自己对他人的责任。

不攀比不失意

人生,色彩斑斓;生活,五味俱全。人,难得到这个世上。谁不愿人生如画般灿烂美丽? 谁不想生活如风似云般洒脱自如?

在人生中,只要你有所追求,就会有失意,正如要结果而花必然落去一样。并且追求的目标越高,追求得越执著,失意也就往往越多,这才是生活的真实。每当我们回头,去遥望过去的时候,总觉得一事无成。想到自己在全力以赴的事情,到最后还是失败了,就觉得前途十分惨淡,心情也异常烦躁。而事实却不是这样,我们要明白,你有得意的时候,必然也有失意的时候,即使跌倒了,胜利其实也并没有离你而去,只是它在你看不见的地方向你招手,因此,我们不必灰心,更不必泄气。

在人生的道路上历经了无数次失败的小江,走进心理医师的诊疗室,向心理医师倾诉他一生不幸的遭遇。

他说:"我经历无数次失败,早年求学,没有一次考试能够顺利过关;踏入社会,经营过许多生意,皆因负债收场;然后四处求职碰壁,就算有一份工作,也是没能做多冬,就被老板开除;现在连自己的老婆也接受不了我,要求跟我离婚……"

心理医师问他:"那么,你现在想怎么样呢?"他万念慎灰地回答:"我此刻只想一死了之。"心理医师说:"你有没有小孩?"小江说:"有呀,那又怎么样?"

心理医师笑了笑;"还记得你是怎么教你的小孩走路的吗? 从他第一次双手离开地面颤颤巍巍地站起来,是不是所有家人都会为他喝彩,为他鼓掌?"

竞争力——待到春花烂漫时

小江似有所悟地说:"是的。"心理医师继续道:"小孩刚学会走路时,很容易跌倒,你是不是轻轻扶起他,告诉他没关系,再试试看。'"小江说:"对,我会帮他。"心理医师说,"孩子刚起步的时候,总是会跌倒,经过无数次的练习,还是走得不稳,你会不会失去耐性,告诉他,再给你一次机会,如果再学不会走路,以后终生都不准再给我走路,干脆我买个电动轮椅给你。"

小江说:"不会,我会再帮助他、鼓励他,因为我相信,孩子他一定能学会走路的。"心理医师说:"那就对了,你才跌倒过几次,就想放弃了?"小江抗议道:"可是,小孩子有人协助他,提携他,而我……"心理医师说"你知道吗? 真正能帮助你、鼓励你的人就是你自己。"

小江想了想,朝心理医师重重地点了点头,昂首阔步地走出了诊疗室……

人生中,谁敢说自己总是得意的,哪怕是温室里的花朵,也会有枯萎的一天。但如果做到了,在失意的时候,不生气,不懊悔,仔细地想想,自己到底在哪个环节错了,那么你就离成功更近了一步。

大学毕业后的刘刚进入一家大型公司工作。由于踏实肯干、能力突出,没几年就坐到了市场部经理的位置,他的前途一片光明,心情自然是春风得意。

天有不测风云,没过多久,公司出于战略调整的考虑,撤销了市场部,刘刚的经理职务也自然就没有了,他在一夜之间沦为一个普通的业务员。刘刚难以接受这一现实,心情低落,对工作也没了热情,甚至有了得过且过的想法。

一天下班后,刘刚被总经理叫住,约他到郊外爬山。他们费了好大的精力才爬到山顶。正当刘刚迷惑不解的时候,总经理指着远处的一座高山问道:"你说咱们这座山和对面那座,哪个更高大?"

他回答道:"当然是那座山了。全市第一嘛!"

总经理缓缓地点了点头:"那么我们现在怎么才能到达那座山的山顶上呢?"

刘刚怔了怔："先从这座山下去，再上那座山。"

总经理回过头来笑道："你说得很对！有时候人往低处走也不完全是坏事。你一定很希望我把你直接放在销售经理的职位上吧？其实，就像我们刚才说的，销售和市场也是两座山，除非你是天才，能直接跳过去，我们这些凡人只有一步一步去做比较实际。更何况，在你面前的，不仅仅只有这两座山，远处还有许多更高的山！"

刘刚明白了总经理的意图，回去之后，他开始主动学习销售方面的知识，慢慢又找回了以前的工作热情。一年后，他坐上了销售部经理的位子。两年后，他成了总经理助理。

我们要明白，每个人只要活着，就要生存，既然要生存，就会有各种目标，既然有目标，就会伴随着失意，如果我们不把那些使我们消沉、痛苦的事情放下的话，我们的人生就会缺少快乐，我们的目标也就很难达到。对于那些曾经的失意，我们也要正视它，并吸取教训，转个弯继续再来。终日想着那些不幸的失意和已经走过的错误路途，只会越来越加剧自己的伤痛。我们只有先将身上的灰尘拍落，这样才能再轻松应战。

魔力悄悄话

世事无常，其实，失意就像老天，偶尔会下雨，没什么大不了的，用一颗平常心去对待，一切以前认为很坏的事情并不是很糟糕。其实，在通向追求目标的途中我们难免会有所失意，纵观古今，事业的成功者，谁不曾失意？如果你在失意的苦闷中不能自拔，一蹶不振，失魂落魄，那只会把人生导向可悲的境地。

坦然面对挫折与失败

一个有追求、有梦想的人,就会遭受到比普通人更多的挫折,他们也会把头昂得很高很高。但不同的人对人生的挫折总会有着不同的理解。对弱者来说,挫折会使他们感到畏惧;**对强者来说,挫折就像他们的指明灯一样,指示着他们一路走下去,而处于顺境中的人无异于弱者,因为一旦遇到挫折便会一蹶不振。**其实人生就是一道道坎组成的,只有让你经历越来越多的坎坷,只有让你时刻知道在挫折面前把头昂起来,你的人生道路才会变得越来越平坦。

一天,有一头驴不小心掉进了一个深坑里,农夫绞尽脑汁来想办法救出驴子。但是过了许久,驴子还是在坑里痛苦地哀号着。最后,农夫决定放弃努力,他想这头驴子年纪也大了,不值得大费心机去把它救出来。

为了避免别的驴子再掉下去,他决定将这个很深的坑填起来。于是,农夫便请左邻右舍帮忙一起将坑中的驴子埋了,将坑填平。邻居们人手一把铲子,开始将泥土铲进深坑中。

驴子很快了解到自己的处境,叫得更凄惨了。但出人意料的是,一会儿,这头驴子就安静下来了。农夫好奇地探头往坑底一看,眼前的景象令他大吃一惊。铲进坑里的泥土落在驴子的背部时,驴子将泥土抖落一旁,然后站到铲进的泥土堆上面。

很快,这头驴子便踩着越堆越高的泥土得意地升到坑口,然后在众人惊讶的表情中快步地跑开了!

和这头驴子一样,在人生的旅程中,人也难免会陷入"坑"里,各式各样的"泥沙"也会倾倒在我们身上,而想要从这些"坑"中脱困的秘诀就是:将"泥沙"抖落掉,然后站到上面去!

只要放松自己,告诉自己希望是无所不在的,即使身处"深坑"之中也能思考,并有所创造。

生活中所遭遇的种种困难挫折,一方面是掩埋我们的"泥沙",另一方面,也是一块块垫脚石。

只要我们锲而不舍地将它们抖落掉,然后站上去,那么即使是掉落到最深的坑里,我们也能安然地脱困。

其实,不管你在哪里,遇到哪种挫折与困境,只要你高昂着头,就总会有希望降临在你的头上,如果你选择低着头,就好比一个生了疾病的人,觉得自己的病没有康复的希望,那么他就真的可能会患上永不能康复的疾病。相反,如果你满怀希望,精神愉快,那么病也可能很快就好了。

人生中难免会有很多挫折或障碍,同时所有的挫折都藏匿着成长和发展的种子。但能够发现这种子,就需要我们不要畏惧挫折,哪怕自己走向绝路的时候,千万别忘了自己鼓励自己,并昂起你的头,看向远方,只有这样我们才能聚集全身力量,走出困境。

魔力悄悄话

现代社会处处充满竞争,因此人与人之间的关系似乎总是敌对的,每个人都有排斥他人的心理,其实竞争只是社会生活的一个方面,在竞争之外更需要人与人之间的合作。有效的合作其实就是互相利用资源,互为弥补不足,以共同获得更大利益的过程。

什么时候都别忘记微笑

有一种语言在世界各地是相通的那就是微笑。当你不知道如何展开话题时,微笑是最好的交流开端,当别人与你发生冲突时,微笑是最好的调节剂。当你遭受磨难、挫折、失败时,对自己微笑一下,很多不良的情绪,就会慢慢地消去。

俗话说:"抬手不打笑脸人。"笑容是一种令人感觉愉快的面部表情,它可以缩短人与人之间的心理距离,为深入沟通与交往营造温馨和谐的氛围;它可以让人在磨难中保持冷静,让自己能够清醒地面对现实;它还可以在你快生气的时候,使你的心平和起来。因此有人把笑容比作人生的润滑剂。

杰克结婚18年了,因为他在公司的职位一直提升不上去,老板又不给他加薪,所以自从结婚那天开始,因为经济问题他的妻子就很难见到他的笑脸。甚至,他跟妻子说上二三十个字,都是一种奢侈,因此,杰克被称为百老汇街上脾气最坏的人。

前一段时间,杰克起来后,看到镜中满脸忧愁的自己,就对自己说:"杰克,今天要改掉你以前的习惯,你要微笑,从现在开始。"

杰克坐下来吃早餐的时候,微笑着向自己的妻子打招呼说:"亲爱的,早餐做得不错!"杰克的妻子惊讶地张大嘴巴,老半天都没有合拢。

到了公司,杰克微笑着向每一个遇到的人打招呼。他们显然都很惊讶,不过,他们也都欣然地接受了,并且同样报以微笑。

就这样,杰克坚持做了两个月。他的家庭里也多了很多的欢乐,就连以前很讨厌的工作,做起来似乎也感觉轻松了许多。半年过后,杰克就成功获得了一次提薪的机会。

微笑是最自然大方,最真诚友善的交际方式。如果你想让自己压抑的情绪能够得到释放,最好,就是微笑一下。

日本人非常聪明,他们有这样一句格言:"如果你不能微笑,那么你的人生就会缺少阳光。"就是因为这样,日本人在给员工培训的时候,多半都是先要看看这个人的微笑是否具有魅力。也许,大多数人都能接受要对自己喜欢的人,或者喜欢的事报以微笑的态度。可是,当不喜欢的人以及不喜欢的事出现在我们面前时,就不知道能不能笑得出来了。

在现代社会中,我们不可能不与自己不喜欢的人打交道。俗话说,林子大了,什么鸟都有。生活中的我们,难免会遇到我们所不喜欢的,甚至是深深恨恶的人或事。遇到了这样的人以及事,我们怎么办? 我们还是得带着笑容去面对。

笛卡儿出生在一个贵族家庭,1616 年,笛卡儿获得了法学博士学位。但是,笛卡儿并不满足于自己的知识,他决心出外游历。笛卡儿选择了当兵,因为当兵在当时来说,是一种最简便、最经济的旅行方式。

一天,笛卡儿来到一座城门前面,看到有许多人在那里围观。笛卡儿挤进人群一看,原来城墙上贴着一张纸,上面写着一道数学难题,正在向众人征询答案。他对这道题很感兴趣,不过由于语言不通,他不能完全理解题目的意思。

"你能帮我一个忙吗?"笛卡儿笑着对身旁一个人说。

"什么事啊?"那个人的态度很傲慢。

"由于语言的原因,我不能完全理解这道题的意思,你能帮我把这道用荷兰文写的难题译成拉丁文或法文吗?"笛卡儿的脸上还是挂着微笑说。

"你想解答这道题?"那个人轻视地看着笛卡儿。

"是的,先生! 您能帮我吗?"笛卡儿脸上的微笑仍然没有消失。

"年轻人,真是不知天高地厚。"看着笛卡儿的笑容,那个傲慢的人出于礼貌,为他把这道题口译了出来。

"先生,你好!"两天后,笛卡儿找到了那个为他翻译的人。

"有什么事吗?"那个人显得有些不耐烦。

"再次感谢您那天帮助了我!"笛卡儿笑着,深深地鞠了一躬。

"没什么!"那个人见笛卡儿如此,也就不好意思再说什么了。

"那天回去以后,我做出了一个答案,不知您是否有时间帮我看一下?"笛卡儿笑着,将写好的答案,双手递了上去。

"嗯!"那个人不情愿地接过了答案。

可是,看完后,他大吃一惊,笛卡儿的答案完全正确。两个人后来成了朋友,那个为笛卡儿翻译的人就是著名学者贝克曼。

有些人天生就很傲慢,有些人天生就很感性,不管怎么样,不管对方有什么缺点,我们都应该试着用微笑去接受和面对一切。

试着用微笑面对烦恼和忧愁,并不是让我们欺骗自己,相反,我们会因此而感到心情宁静、豁然开朗。尝试着微笑面对周围的每一个人,不难发现知心的朋友会变得越来越多,以前的很多矛盾都会冰释消融,处理生活中那些所谓繁琐的问题,也会变得轻松了。

魔力悄悄话

在现实生活中,父母可以通过自身的言行,或者通过讲故事的方式,让孩子明白每个人都各有所长、各有所短。因此,我们不要妒嫉或是轻视别人的长处,也不要对自己失去信心,而是学会以彼此的长处互为所用,从而达到共同成长的目的。

相信人生永远都有希望

在漫长的人生中,我们常常会遭遇各种挫折和失败,会深陷许多意想不到的困境,这时,请不要轻易给自己下结论,更不要轻言放弃。其实,**只要心头那个坚定的信念之火永不熄灭,并不断努力去拼搏,哪怕自己即将面临绝望的境地,只要再坚持一下,再奋斗下去,就一定会有重大收获。**

有这么一个故事:

一场突如其来的沙暴,让一位独自穿行大漠者迷失了方向,更可怕的是,自己装干粮和水的背包也不见了。他翻遍所有的衣袋,只找到一个泛青的苹果。

"哦,我还有一个苹果。"他惊喜地喊道。

他攥着那个苹果,深一脚浅一脚地在茫茫的大漠里寻找着出路。饥饿、干渴、疲惫一起涌来。望着茫茫无际的沙海,有好几次他都觉得自己快要支撑不住了,近乎绝望的他幻想着自己死时的惨状,双腿蹒跚地向前挪移着。有几次差点就倒了下去,可是,看一眼手里的苹果,他抿抿干裂的嘴唇,陡然又添了些许力量。

已数不清摔了多少跟头了,只是每一次,他都挣扎着爬起来,踉跄着一点点地往前挪,心中不停地默念着:"我还有一个苹果,我还有一个苹果……"

三天后,他终于走出了大漠。那个他始终未曾咬过的青苹果,已干巴得不成样子,他还宝贝似的攥在手中,久久地凝视着。

太阳因为永不放弃,才最终冲破重重迷雾,光耀万里;江河因为永不放弃,才流泻千里,到达浩瀚无边的大海;小草因为永不放弃,才不计星星点点的渺小,最终连成一片,绿茵满地。记得电视剧《士兵突击》里忠厚老实的许三多说的那句话,"不抛弃,不放弃!"就是这样一句朴实而又震撼人心的话,打动了无数观众。简简单单的六个字,凸显的不仅是一个战士的崇高品质,而且让我们懂得事不分大小,只要不放弃,就一定能获得最终的胜利。

如果把人生的困境或挫折比做沙漠,信念便是那个"苹果"。俗话说"人生不如意之事十有八九",人这一辈子总会遇到一些坎坷和波折,绝大多数人的人生历程都不是一帆风顺的,甚至会遇到生死的考验。对待人生中的逆境拥有坚定的信念、乐观的心态,对我们走出困境具有决定性的作用。事业受挫、失去工作、家庭危机、环境压力、城市生活缺乏归属感,在每一个年龄段、每一个层次的人都会遇到不同的问题。无论生活怎样艰难,只要你心中永存一个"希望",不轻易放弃自己的理想和目标,那么,每受挫一次,自身就会变得更加强大。

因为我们从失败中吸取了教训,在挫折中磨炼了意志,从而为以后的成功奠定了坚实的基础。

1973 年 12 月,史德芬出生在美国宾夕法尼亚州的拉昆村。当母亲看到儿子只有半截身体时,她哭得死去活来。好在父亲比较冷静,再三安慰妻子说:"我们要面对现实,不要绝望,生命还在,希望就还在。"

史德芬一岁半的时候,做了两次手术,腰部以下的神经无法恢复,连坐都成了问题。医生却劝史德芬的母亲,凡事要尽量靠他自己的意志和能力去做,这样才可以锻炼他。

母亲接受了医生的忠告,尽量让史德芬自己料理自己的日常琐事。几个月后,史德芬奇迹般地坐了起来。不久,他开始尝试用双手走路。到了上学年龄,史德芬也走进了校门,但每天都要靠装上重达 6 公斤的假肢和一截胴体来支撑着身体去学校。坐着轮椅上厕所很不方便。每次都有同学帮助他,加上几位老师的细心呵护,史德芬大受鼓舞,并以积极的心态来面对生活的每一天。史德芬非常热爱生命,他更爱身边的每一个人。

后来史德芬成了一位摄影迷。一有空儿，他就挂上相机，摇着轮椅到附近的公园去。他一边给人拍照，一边说："你的眼睛真漂亮，等洗出来我要挂在房间里珍藏。"说得姑娘们喜滋滋的。史德芬还会帮妈妈买东西，有时也替邻居洗车、剪草，这对一个没有下肢的人来说，需要很大的毅力，但他都做到了。

后来，史德芬成为美国有名的小影星，他成功地主演了影片《兄弟》。他对记者说："我在生活中没有困难，遇到困难就和大家一样，找出方法解决就行了。"

史德芬身残志坚的精神不仅感动了周围的人，更让大家受到感染，学会了珍爱生命。史德芬的邻居说："每个人都有烦恼，但是只要看到史德芬，就会觉得自己的烦恼是何等的渺小。"还有一位邻居说："我们热爱史德芬，因为有了他，我们增加了战胜困难的勇气，我们要像史德芬那样，对生活充满自信！"所以，不论遇见多大的困难与阻碍，请别轻易放弃。

有时，希望就如同一根绳子，一根年久破旧随时会断掉的绳子。其实，绳子已经断了很多次了，只是倔强的人们硬是把它打了一个又一个的结，继续坚持向上爬。虽然绳子越来越短，似乎希望也越来越遥远，而且，随着绳子每次的断裂，我们身上的伤疤也越来越多。然而就是靠着永不认输的意志力，我们忘了疼痛继续努力，向着自己的目标奋斗。

许多历经挫败而最终成功的人，他们感受"熬不下去"的时候，比任何人都要多。但是，他们却在即使感到"已经熬不下去"时，也"咬咬牙再熬一次"，虽然是屡战屡败，但却愈败愈战，终于在最后一刻，看到了胜利的曙光。

一个刚毕业的大学生正在为找工作发愁，已经找了两个多星期了，一点音信都没有。路过微软公司，学计算机专业的他鼓足勇气进去应聘。但是该公司表示并没有刊登过招聘广告。正当人事部门的负责人疑惑不解的时候，这位年轻人自信地解释说，自己找了很久的工作，但是都碰壁，今天贸然进来，是因为不想放过任何一丝机会。

人事部门的负责人觉得年轻人很有勇气,于是就破例让他一试。面试的结果不太让人满意,因为年轻人毫无准备,所以人事部门的负责人问他的问题多半都回答得没有逻辑,表现糟糕。年轻人千般解释,人事部门的负责人认为他不过是找个托词下台阶。就随口应道:"等你准备好了再来试吧。"

一周后,年轻人再次走进微软公司的大门,这次他依然没有成功。但比起第一次,他的表现要好得多。人事部门的负责人似乎也看到了这个年轻人有潜力可挖,给他的回答仍然同上次一样:"等你准备好了再来试吧。"就这样,这个青年先后5次踏进微软公司的大门,最终被该公司录用。

在成功的战场上,我们不但要有跌倒之后再爬起的毅力,拾起武器再战的勇气,而且从被击败的一刻,就要开始下一波的奋斗,甚至不允许自己倒下,不准许自己悲观。那么,我就不是彻底输,只是暂时地"没有赢"而已!

心里有希望,事情就会有转机。

魔力悄悄话

有一句话说"人生不如意的事情十有八九",漫漫人生路,你可以拥有鲜花,自然也能碰到荆棘。只要能够把十之一二的日子过好,那其他的日子也就会慢慢变好,慢慢熬过的苦日子也会有甜甜的滋味。生活只要有了甜滋味,那又何惧什么风雨险阻呢?

自我安慰渡过困难

在这个世界上,每个人每天都要面对许多不顺心的事情。譬如你无缘无故被解雇了,譬如你老公在外面突然有了其他女人,譬如孩子的成绩又开始下滑了等等,不仅仅被自己不顺心的事,影响着自己的情绪,身边的人不顺心的事情,也在时时刻刻地影响着我们。

如果不能正确处理好这些事情的话,我们的意志就会慢慢地消沉。因为一个人长期地沉浸在这样心理不平衡的状态中,会严重地影响我们的生理及心理健康,对自己百害而无一利。因此,当别人不能给我们安慰的时候,我们一定要学会自我安慰。

有这么一个笑话:

风刮起了漫天的风沙,一个抽烟人走在路上,看不到远方的东西,只能看到离自己几米地方的事物,他掏出火柴点烟,背过身去,用后背迎风,然后划火,一边说:"点烟不过三,过三不点烟。"三根火柴划过了,烟还是没点着,于是他大声说:"点烟不过七,过七不点烟!"又划了四根火柴后,烟仍没点着,他轻声安慰自己:"管他三七二十一。"

听了这个笑话你或许不会感到好笑,但它确实有积极的一面。因为他用自我安慰抑制了愤怒。很多人都是被上面的这些人生中的小事情给影响着,其实这些事情并没有什么大不了的,因为我们每天都可能遇到。如果我们每天都被它纠缠,只会使我们的精神处于崩溃的边缘。

当我们失意,当我们被烦恼纠缠,当我们过得不是比别人好的时候,我们要懂得来安慰自己,平息怒火,消除忧愁,稳定自己的情绪。然后慢慢地能做到淡泊名利,不计得失,就能敞开胸怀,消化种种不快,欢乐便会步入你的生活。

有这么一个故事:

一次,暴风一连吹了三天三夜,风势很强劲,很猛烈,甚至把撒哈拉的沙子吹到法国的隆河河谷。暴风十分热,吹得人头发似乎全被烧焦了,喉咙又干又焦,眼睛热得发疼,嘴里都是沙砾。人似乎站在玻璃厂的熔炉之前,被折腾得接近于疯狂的边缘。但阿拉伯人并不抱怨。

暴风过后,他们立刻展开行动:把所有的小羊羔杀死,因为他们知道那些小羔羊,反正是活不成了;而把小羊杀死,可以挽救母羊。在屠杀了小羊之后,他们就把羊群赶到南方去喝水。

所有这些行动都是在冷静中完成的,对于损失,他们没有任何忧虑抱怨。部落酋长甚至说:"这还算不错。我们本以为也许会损失所有的一切,但是感谢上帝,我们还有40%的羊群留了下来,可以从头再来。"

住在撒哈拉的阿拉伯人是我们的榜样,无论在多恶劣的条件下,他们都保持着快乐平安的心境——因为他们学会了自我安慰。

其实每个人都应该学会安慰自己。来排除这些困扰心灵的烦恼。人要尊重自然规律,面对社会现实。由于财富、地位、人事关系的差异,世界上没有绝对的公平,相反有时不公平的事比公平的事还要多,这就是现实。倘若心理有什么不平衡,情绪不佳时,就得安慰自己,想想那些生活在贫困中的人们,想象那些为了救人而义无反顾地牺牲自己生命的英雄,对自己现在的生活应当感到无限的欣慰和满足。

曾经有一个作家讲述了自己这样的一段经历:

作家乘车子横越大沙漠时,一只轮胎爆了,司机又忘了带备用胎,所以他们只剩下三只轮胎。又急又烦的作家问那些阿拉伯人该怎么办。他们说,着急于事无补,只会使人觉得更热。车胎爆掉是上帝的意思,没有办法可想。

于是，他们又开始往前走，就靠三只轮胎前进。没过多久，车子又停了，汽油用光了。但阿拉伯人并不因司机所带的汽油不足而向他大声咆哮，一路上还不停地唱歌。

在事情已成定局难以挽回的时候，我们就应该使用精神胜利法来维护自尊心和自信心，以图再度振作。上面的阿拉伯人不是这样的吗？很多事情，已经成为现实，你对它抱怨，就像上面的司机一样又烦又急，却于事无补，还不如坦然面对。看看下面的这个故事，或许会对你有所启示：

几只狐狸同时走到葡萄架下，却无法吃到葡萄。第一只自我安慰说葡萄是酸的。自己不想吃，走了。

第二只不断地使劲往上蹦，不抓到葡萄誓不罢休，最终耗尽体力死在葡萄架下。第三只狐狸吃不到葡萄便破口大骂，抱怨人们为什么把葡萄架得这么高，不料被农夫听到，一锄头把它打死在地。第四只因生气抑郁而死。第五只犯了疯病，整天口中念念有词："吃葡萄不吐葡萄皮……"

想想，哪只狐狸的情商更高？

心理学家认为，人的自我评价和好恶来自价值选择，当消极的情绪困扰你的时候，改变你原来的价值观，学会从相反的方向思考问题，你的心情和情绪就会发生良性变化，这也是那些懂得自我安慰者常用的方式。

当烦恼来临的时候，与其在那里唉声叹气，惶惶不安，不如拿起心理调节的武器，从相反方向思考问题，使情况由阴转晴，摆脱烦恼。

两个花匠去卖花盆，途中翻了车，花盆大半打碎。悲观的花匠说："完了，坏了这么多花盆，真倒霉！"而另一个花匠却说："真幸运，还有这么多花盆没有打碎。"后一个花匠运用反向心理调节法，从不幸中挖掘出了幸运。

俄国作家契诃夫曾写道："要是火柴在你口袋里燃烧起来了，那你应该高兴，而且感谢上苍，多亏你的口袋不是火药库。要是你的手指扎了一根刺，那你应该高兴，挺好，多亏这根刺不是扎在眼睛里。"

达尔文曾经说过："愤怒，以愚蠢开始，以后悔告终！"普希金也告诫过

人们:"假若生活欺骗了你,不要忧郁,也不要愤慨,不顺心的时候,暂且容忍,相信吧,快乐的日子就要到来!"其实,我们愤怒,我们生气,不会给别人带来什么好处,而且只会给自己带来更多的伤害,只有自己安慰自己,才能扭转自己的心情。

在我们生命中,还有无数自我安慰的例子,譬如生了女孩的父母说,女儿是棉毛衫,儿子是滑雪衫;譬如吃了亏的人说,吃亏是福;譬如丢了东西的人说,破财免灾;譬如侥幸逃过一劫的人说,大难不死,必有后福;譬如弄不到官的人说,无官一身轻,有职多约束等等。

很多情况下,人们的痛苦与快乐,并不是由客观环境的优劣决定的,而是由自己的心态、情绪决定的。遇到同一件事,有人感到痛苦,有人感到快乐,情商不同的人会得出不同的结论。但其中,起到主要作用的,还是自我安慰,那些懂得自我安慰的人,是很容易在失败和困境中降低自己的挫折感的。

世界上那么多人,每个人在自己的世界中都是巨大的,可是在别人眼里通常又是微不足道。我们不能期许命运之神的特别眷顾,如果我们不能从外界得到救赎,起码我们还可以自我安慰!

魔力悄悄话

"失之东隅,收之桑榆。"要明白这样一个道理,成功的道路不止一条,如果这扇窗你实在推不开,那么你可以试试另一扇窗。要努力平衡心中的天平,调整好自己的心态,才能在人生的道路上走得更好。

相信你并没有失去一切

　　一位哲人说:"一个人的快乐,不是因为他拥有的多,而是因为他计较的少。"这里说的计较,很多时候就是对失去的计较。因为我们每个人总会对未来怀着更好的期望,而这种期望值越高,就会对失去越在乎。假如你失去了亲人、失去了金钱、失去了双腿……总之你觉得失去了一切,可是人最宝贵的生命你不还拥有吗? 只要你还活在这个世上,你就不能说自己失去了一切。就像 2008 年汶川地震,难道那些受灾的人不是失去了家、亲人、财物,甚至是健全的身体吗? 可是他们仍然坚强地活了下来。经历这次灾难,让他们更加明白了生命的宝贵,只要生命还在,一切都还有希望。

　　有一年秋天,郭沫若到普陀山游览,在梵音洞里偶尔拾到一本笔记,打开来一看,扉页上写有一联:"年年失望年年望,处处难寻处处寻。"横批:"春在哪里。"翻看下去,里面写着一首绝命诗,还署着当天的日子。

　　郭沫若看罢着急,立刻让随行的同志去寻找失主。众人四下里找寻,终于及时找到了那位欲绝命之人,原来是一位神色忧郁、行动失常的姑娘。

　　经过了解,这位姑娘因为考大学三次落榜,爱情又遭受了挫折,于是决心"魂归普陀"。

　　郭老关心地对她说:"下联和横批太消沉了,这不好,我替你改一改,你看如何?"姑娘低头不语,郭老吟道,"年年失望年年望,事事难成事事成。"横批:"春在心中。"

　　这一改,使姑娘感动不已。好一个"春在心中"的教诲,把这位姑娘对人生的态度从绝望中转化为进取。

竞争力——待到春花烂漫时

走在人生的旅途中，我们似乎总想寻觅一份永恒的快乐与幸福，总希望自己付出的所有真心、真情能够得到别人的理解，能找到一直去珍惜的生活。然而世事无常，失去一些就像老天偶尔会下雨，没什么大不了的，用一颗平常心去对待，一切都会好起来的。每个人都应该忘掉一切不幸的遭遇，我们应当从记忆中抹去一切使我们消沉、痛苦的事情，只有把这些放下了，忘记了，我们才能更好地开始另一段人生的路途。

所以，对于那些曾经的失败，生命中的失去，我们要正视它，并吸取教训，转个弯继续再来。终日想着那些不幸的经历和已经走过的错误路途，只会越来越加剧自己的伤痛。只有先将身上的灰尘拍落，才能再轻松应战。有这么一个故事：

克利斯朵夫·利瓦伊曾是一位杰出的演员，深受观众的喜爱。然而一场意外，让他成为一个高位截瘫者。克利斯朵夫·利瓦伊再也无法继续他的演员梦了，这让他备受煎熬。

出院后的克利斯朵夫·利瓦伊只能坐在轮椅上，再也无法行走了。他以为自己的一生将就此枯萎。一想到自己再也没有机会回到电影行业，他的内心就会袭来一股巨大的悲伤。

一次，克利斯朵夫·利瓦伊和家人一起外出散心，汽车在蜿蜒的盘山公路上穿行。克利斯朵夫·利瓦伊目光呆滞地望着窗外，他忽然发现，每当车子即将行驶到无路的关头时，路边都会出现一块"前方转弯"的交通指示牌，而转弯之后，前方的路依然开阔。

当"前方转弯"几个大字一次次进入他的眼球的时候，猛然间，他恍然大悟：原来，不是路已到尽头，而是该转弯了。从此，克利斯朵夫·利瓦伊以轮椅代步，当起了导演，他再一次回到了深爱的影视行业。努力和付出让他首次执导的影片就荣获了金球奖，不仅如此，他还用牙咬着笔，创作出了他的书稿。

有时，不是失去阻碍了我们前进的脚步，而是我们自己被自己束缚了。如果我们认为自己失去了一切，就会意志消沉，把人生过得灰暗颓废。但你身上的潜力还在,善于抓住利用,你就能将失去的重新弥补回来。人生起起伏伏,跌到谷底之后就会上升,只要我们不放弃,就能乘胜追击,迎来又一个繁荣。

所以忘记你现在的失去,要知道路没有走到尽头的那天,一切都还有机会,而一切的机会又都在我们手中。**聪明的人会把失去的,当成一种成功前所投资的资本,任何成功都是在克服困难中得来的。**失去并不糟糕,糟糕的是你以为自己失去了一切。

魔力悄悄话

人生不可能太圆满,都会有一道小小的缺口。懂得了每个生命都有欠缺,就不会再与他人做无谓的比较了,反而更能珍惜自己所拥有的一切。好好数数你本身拥有的东西。你会发现自己所拥有的其实很多。

人生不像你想的如此糟糕

人生最糟的时候是什么？是损失金钱，失去爱情，亲人离开，遭人陷害，还是被病痛折磨得够呛？不，这些都不是最糟的时候，只要你的生命尚存一口气息，只要你还活在这个世界上，你就没有理由抱怨自己的现状太糟。除此之外，任何东西你失去了，哪怕你现在一无所有，也只不过是从头再来。

人生是一段漫长的路程，不要因为一时的失意就否定自己。要用平常心去看待人生中的起落，不能因为一次的得失就断定一生的成败。人生的路上不可能永远一帆风顺，总有潮起潮落之时，有时，失败也未必是坏事。没有昨天的失败，也许未必有今天的成功。人生最大的敌人是自己，只有敢于承认失败的人，敢于再次站起来，才能最终战胜自己，战胜命运。面对失败，我们没什么可抱怨的，从哪里跌倒，就从哪里爬起来。

李洁初中毕业的时候，在叔叔的印刷厂帮忙，每个月有2000多元的工资。后来，她就自己出来单干，帮市区里的小旅馆和小餐馆印信纸、信封、筷子套、牙签袋等，一年也能赚个六七万元。这时候她已经结婚，并生有一个男孩，家庭算得上是幸福的。

2005年的一天，她记得很清楚，那天早晨有人找她印一些收据，实际上是一些发票，给的价钱特别高，不到1000元的成本，就能赚1万元。李洁觉得有点不妥当，但因为利润高，她还是印了。结果是，事情很快败露了，她被判了两年刑。对这次举动，她总结为"胆子太大了"。

她在监狱里待了一年半，这期间，丈夫和他离了婚，并要走了儿子的抚养权，每每想到这些，她就想一死了之。但是，生性倔强的她，终于还是熬了过来，因表现良好，被提前半年释放。

回到家中，她不打算再做印刷生意了，就从哥哥那里借来 3 万元钱，开始了投资生涯。为保守起见，她找的都是店面，她投了一间商铺，只交了 1 万元定金，几个月后转手就赚了 4 万多。靠着"胆子大，眼光好"，到 2007 年年底，她手里的 2 万已经变成 20 多万。

2007 年的年底，看着股票市场一直在牛市坚挺，再加上对 2008 年存有太多的憧憬和梦想，她抽出自己的全部资金投进股市，计划着和 2008 年的奥运会一起风光一回。初期，的确赚了一笔，但是让人猝不及防的金融危机来了，股票暴跌，她的 20 多万仅仅剩下 6 万多。同时，之前投资的两家商铺，也一直租不出去，只能眼睁睁亏钱。

李洁感觉自己又一次被扔进了黑暗，那么无助，又那么无奈，年近 30 岁的她，一下子沧桑了许多。她在床上躺了整整两天两夜，第三天早上，她爬起来，用冷水洗了一把脸，对着镜子里的自己说，这辈子监狱都做了，还有什么事情不能承受？大不了从头再来！

这个世界上大多数人都失败过，一些人越战越勇，排除万难迎来了成功，而另外一些人却从此一蹶不振，陷入人生的泥沼。其实，所有的不幸都不可怕，可怕的是我们丧失了斗志，失去了面对困难的勇气。只要我们的生命还在，跌倒了就爬起来，所有的伤痛都可以疗愈。

有一首诗写道："白云跌倒了，才有了暴风雨后的彩虹；夕阳跌倒了，才有了温馨的夜晚；月亮跌倒了，才有了太阳的光辉。"在坚强的生命面前，失败并不是一种摧残，也并不意味着你浪费了时间和生命，而恰恰是给了你一个重新开始的理由和机会。

一次讨论会上，一位著名的演说家面对会议室里的 200 个人，手里高举着一张 100 美元的钞票问："谁要这 100 美元？"一只只手举了起来。

他接着说："我打算把这 100 美元送给你们当中的一位，在这之前，请准许我做一件事。"他说着将钞票揉成一团，然后问："谁还要？"仍有人举起手来。他又说："那么，假如我这样做又会怎么样呢？"他把钞票扔到地上，又踏上一只脚，并且用脚碾它。而后，他拾起钞票，钞票已变得又脏又皱。"现在谁还要？"还是有人举起手来。

"朋友们，你们已经上了一堂很有意义的课。无论我如何对待那张钞票，你们还是想要它，因为它并没贬值，它依旧值100美元。

在人生路上，我们又何尝不是那"100美元"呢？无论我们遇到多少的艰难困苦，或是失败受挫多少次，我们其实还是我们自己，我们并不会因为一次的失败，而失去固有的实力和价值，我们并不会因为身陷挫折而贬值。

现实中有太多的人曾无数次被逆境击倒，被欺凌，甚至碾得粉身碎骨，而失魂落魄觉得自己一文不值。事实上生命的价值不依赖我们遇到的挫折或是困境而改变。无论发生什么，或将要发生什么，我们永远不会丧失价值。无论肮脏或洁净，衣着齐整或不齐整，我们依然是无价之宝。只要我们抱着大不了再次奋斗的勇气，下次的成功就一定属于自己。

面对挫折让我们想想卧薪尝胆的越王勾践，想想在奥运赛场上倒下又爬起来的运动员，想想从黑暗无声的世界中挣脱的海伦。我们不难发现挫折是完全可以战胜的，所以面对挫折我们要勇于战胜挫折，而非一蹶不振。心情低落是没有用的，如果你觉得从来没有这么糟糕过，那你就对自己说：**反正不会有比这更糟的时候了。这时你就会觉得心中豁然开朗很多，你就有了直面从零开始的勇气。**

魔力悄悄话

人的欲望永远没有止境，拥有了稳定的生活还要去追求安逸，拥有了安逸的生活还要去追求奢侈的物质享受。欲望如果这样不断地膨胀下去，根本就没有结束的那一天。

有信念就不会迷失方向

　　我们生活在这个世界上,因为有美好的追求,才诞生了无数斑斓的梦想,因为有坚强的信念,才催生了无数坚挺的身影。信念的力量是伟大的,它支持着我们生活,催促着我们奋斗,推动着我们进步,正是它,创造了世界上一个又一个的奇迹。

　　天才小提琴家马莎患有癫痫症,一直以服药控制病情。直到有一天药物都不起作用了,医生无奈之下割除了她一部分脑叶。之后她动过许多次手术,但奇怪的是,每一次手术都没有影响她的演奏能力。后来医生才发现,原来在马莎很小的时候,她的大脑就已遭到破坏,原脑叶的演奏能力神奇地被其他脑叶所取代。

　　一个大脑遭到破坏的人竟有如此非凡的成就,这不能不算是一个奇迹,而这个奇迹的创造,不能不说是由马莎坚强的信念所支撑而产生的。信念的力量是惊人的,它可以改变恶劣的现状,带给人们无限的希望,缔造令人难以置信的神话。

　　一个没有信念,或者不坚持信念的人,只能平庸地过一生。而一个坚持信念的人,永远也不会被困难击倒。信念是推动一个人走向成功的动力,拥有信念的人永远不会被眼前的困难吓倒,也不会迷失前进的方向,因为他们的心里只有永不放弃的目标。

　　著名的胡达·克鲁斯老太太在 70 岁高龄之际才开始学习登山,别人都认为她的举动只不过是闹着玩玩,她那老迈的身体根本不可能登上多高的山峰。但老太太始终坚信一个人能做什么事不在于年龄的大小，而在于怎么做。

她凭着自己坚定的信念，一次次创造自己生命的极限，最后她成功地登上了几座世界有名的高山。而且她还在 95 岁那年，成功登上了日本的富士山，打破了攀登此山年龄最高的纪录。

影响我们人生命运的往往不是环境，而是我们持有什么样的信念。当信念开始在心中支撑我们的人生的时候，我们离成功的目标就越来越近了。

一代宗师孔子，毕生都在探讨钻研，宣传"仁"的思想，周游列国，困难重重，无数次的挫折和失败，阻碍着他的前进。可孔子却一如既往，从未动摇过他心中的梦想，最后，他的思想终于走入人们心中，他也永垂青史。勾践卧薪尝胆终报家仇国恨，司马迁惨遭宫刑写成千古巨著，唐三藏历经艰难险阻终于取得真经。翻开史书，古今中外，大凡仁人志士，明达贤者，无不经过困苦砥砺走向成功。无数事实告诉我们，**只要心中有了信念，就没有闯不过的"火焰山"，没有战胜不了的艰险。**

在矿难中，几名矿工被困在一个狭小的空间里。没有食物，没有水，在此刻一切都显得不是那么重要，因为通风口被堵上了，空气越来越稀薄将是他们致命的伤害。在这极度恶劣的情况下，他们很快就会窒息而死。虽然猜得到营救人员在努力着，但他们生还的机会还是十分渺茫。

矿井下的情况确实不容乐观，一些人都抱着必死的心。矿工队长带了表，让大家都休息，节省体力。每隔一段时间队长就会报一次时间。时间一分一秒地过去。奇迹居然出现了，他们活着等到了营救队伍。

所有人都存活了下来，只有一个人死了，就是那个报时间的队长。原来，开始他的确是准确报时的，但是，当他发现同伴们不安的情绪之后，便开始"虚报"。半小时他说 15 分钟，一小时他说半小时，两个小时他说一个小时……结果其他人都在信念的支撑下活了下来，唯独他死去了。

信念可以挽救生命,是创造成功和制造奇迹的源泉。坚强的信念会让人突破极限,信念脆弱则会让人不堪一击。人生也一样,如果我们在做任何事情之前,没能树立起一个坚定的信念,只是一味地采取消极的态度,告诉自己这也无法实现,那也不可能做到,那等待我们的就只有失败。

魔力悄悄话

寻找幸福只需要掌握幸福的关键按钮,也就是从"意识"觉醒到我要幸福,接着把生命系统内的"心灵开关"打开。如今"与人友善,学有所长;宠辱不惊,达观向上"已成通往幸福的格言。

谦虚为人不攀比

现代人越来越习惯看不起别人,习惯标榜自己,习惯邀功,谦虚和忍让的美德逐渐被遗忘乃至抛弃。

只有谦虚的人才能保持进取的精神,因为永不自满,所以才能增长才干和知识。

谦虚是成功人士必备的品格,也是一个人成功的前提和基础。只有谦虚的人,在待人接物的时候才尊重他人、平易近人,只有谦虚的人才善于听取和采纳别人的意见和建议。谦虚的人有自知之明,在成绩面前不居功自傲。

北宋大文豪欧阳修就是一个非常谦虚的人,虽然他文采出众,位居高官,但他平时总是虚心向别人求教,他的那篇被人广为传诵的《醉翁亭记》,在写作的时候就得益于一位砍柴老头的指教。当时的欧阳修任滁州太守,好友智仙和尚在琅玡山上为其建造了一座亭子,欧阳修给它取名为"醉翁亭",并写下了《醉翁亭记》一文,文章写好后,欧阳修又抄写了很多份,命人贴到外面,希望行人帮助他修改和提意见。

看到文章的人都纷纷赞赏欧阳修的文采。这时,有一个砍柴的老樵夫经过这里。欧阳修就为老人诵读此文,虚心请老人指教不当之处。刚开始读:"滁州四面皆山也,东有乌龙山、西有大丰山、南有花山、北有白米山,其西南诸峰,林壑优美……"老樵夫认为这句话很啰嗦,就说道:"我砍柴时站在南天门,大丰山、乌龙山、白米山还有花山,一转身就全都能看到,四周都是山!"

欧阳修听后忙说:"言之有理。"随即把原文修改为:"环滁皆山也"五个字。

这就是我们今天看到的《醉翁亭记》言简意赅的开头。

古人如此,即使现代最伟大的科学家也不例外。

爱因斯坦是 20 世纪世界上最伟大的科学家之一,他的相对论以及他在物理学界其他方面的研究成果,留给我们的是一笔取之不尽、用之不完的财富。然而,就是像他这样,他还是在有生之年中不断地学习、研究,真可谓是活到老,学到老。

有一个年轻人问爱因斯坦,说:"您老在物理学界已经是空前绝后了,何必还要那么努力地学习呢? 为什么不舒舒服服地休息呢?"爱因斯坦并没有立即回答他这个问题。而是找来一支笔、一张纸,在纸上画上一个大圆和一个小圆,然后对那位年轻人说:"在目前情况下,在物理学这个领域里可能是我比你懂得略多一些。正如你所知的是这个小圆,我所知的是这个大圆,然而整个物理学知识是无边无际的。对于小圆,它的周长小,即与未知领域的接触面小,他感受到自己的未知;而大圆与外界接触的这一周长大,所以更感到自己的未知东西多,就会更加努力去探索。"谦虚的品格让一个人在荣誉面前不骄傲,那些在世界上做出过杰出贡献的人都具有谦虚的美德。

事实上也是如此,没有一个人能够有骄傲的资本,因为任何一个人,即使他在某一方面的造诣很深,也不能够说他已经彻底精通,彻底研究全了。"生命有限,知识无穷",任何一门学问都是无穷无尽的海洋,都是无边无际的天空。所以,谁也不能够认为自己已经达到了最高境界而停步不前、而趾高气扬。如果是那样的话,则必将很快被同行赶上、很快被后人超过。

自满与知足从字面上看来,仿佛都是对自身情况感到满意的反应,事实上内心的出发点和由外的表现给人的感受,却是大大的不同,其间境界的高低更是差之千里。而从根本上说,知足也罢,自满也罢,与外在客观条件并不一定有相互的关联,一个人自觉得生活到这个程度,于愿已足,并不代表他的生活真的一定就无懈可击,样样可打满分,主要是他能衡量自身的能力,正视客观的条件,不妄想不贪求,也不去与他人比高下,能够以宽容坦荡的心去对待生活,使自己的人生不受外界的影响和干扰,顺命随缘地和平渡过。

那些态度骄横言词夸张的人,真的都是那么自信、骄傲,对自身的一切都心满意足,自认高人一等吗?如果你肯仔细分析,也许会惊奇地发现,事情恰恰相反。

依心理学上的说法,那种处处要表现自己的不凡,就怕谁人不知他的出类拔萃和光荣历史,无法克制地要以骄傲的面孔示人的人,常常是心理上欠缺安全感、满足感或自怜狂在作祟的人。因为缺少安全感、满足感,便相对地失去了自信,因此便急于要在别人的赞美或惊叹声中找回信心,证明确实如自己所希望和所幻想的那样不同凡响。骄傲、自满、目中无人,是由于反常心理在后面推动一不但予人极坏的印象,也是一种十分可悲的病态。

魔力悄悄话

人生一共短短的几十年,重要的不是你曾博得多少掌声和艳羡的目光,而是你得到了几许心安和做人的乐趣。自满自大的人不一定快乐,自得其乐的人才会快乐。

接受生活的不完美

有这样一个故事：

有一个人对自己坎坷的命运实在不堪忍受，于是天天在家里祈求上帝改变自己的命运。上帝被他的诚心打动，于是对他承诺："如果你在世间找到一位对自己命运心满意足的人。你的厄运即可结束。"此人如获至宝，开始他寻找的历程。

这一天，他终于走到皇宫，询问万人之上的天子，"万岁，您有至高无上的皇权，有享受不完的荣华富贵，您对自己的命运满意吗？"天子叹道："我虽贵为国君，却日日寝食不安，时刻担心有人想夺走我的王位，忧虑国家能否长治久安，我能否长命百岁，还不如一个快乐的流浪汉！"这人又去找了一个在太阳下晒太阳的流浪汉，问道："流浪汉，你不必为国家大事操心，可以无忧无虑地晒太阳，连皇上都羡慕你，你对自己的命运满意吗？"流浪人听后哈哈大笑，"你在开玩笑吧？我一天到晚食不果腹，怎么可能对自己的命运满意呢？"就这样，他走遍了世界的每个地方，访问了各行各业的人，被访问的人说到自己的命运竟无一不摇头叹息，口出怨言。这人终有所悟，不再抱怨有残缺的生活。

说也奇怪，从此他的命运竟一帆风顺起来。

人们对事物一味理想化的要求导致了内心的苛刻与紧张，所以，完美主义者常常不能心态平和，追求完美的同时也失去了很多美好的东西。事物总是循着自身的规律发展，即便不够理想，它也不会单纯因为人的主观意志而改变。如果有谁试图使既定事物按照自己的主观意志改变而不顾客观条件,那他一开始就注定已经失败了。

童话中渔夫那贪婪的妻子,终于未能逃脱依旧贫穷的命运便是证明。现实中,我们许多人都过得不够开心、不够惬意,因为他们对环境总存有这样或那样的不满,他们没有看到自己幸福的一面。也许你会说:"我并非不满,我只是指出还存在的问题而已。"其实,当你认定别人的过错时,你的潜意识已经让你感到不满了,你的内心已经不再平静了。

一桌凌乱的稿纸,车身上一道明显的划痕,一次你不太理想的成绩,比你理想中的身高矮一些、体重轻一些,种种事情都令人烦恼,不管与你有多大联系,你甚至不能容忍他人的某些生活习惯。如此,你的心思完全专注于外物了,你失去了自我存在的精神生活,你不知不觉地迷失了生活应该坚持的方向,苛刻掩住了你宽厚仁爱的本性。

没有人会满足于本可能改善的不理想现状,所以,努力寻找一个更好的方法:用行动去改善事物,而不是空悲叹,一味表示不满;应该用包容的心去看待事物,而不是到处挑毛病,让不必要的烦恼来搅乱自己的心。同时应该认识到,我们可能采取另一种方式把每一件事都做得更好,但这并不是说已经做了的事情就毫无可取之处,我们一样可以享受既定事物成功的一面。有句广告词不是说"没有最好,只有更好"吗? 所以,不要苛求完美,它根本不存在。

爱默生曾说:如果你不能当一条大道,那就当一条小路,如果你不能成为太阳,那就当一颗星星。决定成败的不是你尺寸的大小,而是做最好的你。

许多人都感叹命运不好,其实是他自己的活法不对。上一座山,刚上一小段,发现另一座美丽壮观,于是匆匆跑下来又开始登那座"美丽壮观"的山;刚登上一小段,又发现另一座更美丽壮观的山……如此下去,这些人跑来跑去,跑了几十年却仍在"山"脚下徘徊,当然又是命苦又是心累的叫个不停,可这怪谁呢?

最好的活法是顺其自然。这里的自然不是随波逐流,不是随遇而安,更不是醉生梦死地跟着别人走,而是指一个人弄明白自己的人生方向后踏踏实实地顺着这条路走下去,心安理得地不羡慕别人的成功更不会跑去盲目地跟着别人走。应该明白,鱼儿不会因为羡慕鸟儿就能飞上天空,小草不会因为羡慕大树就能发疯地长高,一个人更不能因为羡慕别人的成就就忘了去把自己该做的事做好。

每个人都有自己的长处和优势,也就是每个人都有自己的一座"山"。关键是找到那座"山",然后坚定地攀登上去。坚持登一座山的人一定能达到顶峰,坚持做一项事业的人一定能成功,坚持一种生活信念的人一定会幸福。

建立好心态的意义就是帮助你找到最好的活法,然后顺其自然努力去奋斗。既不感叹命运也不抱怨时代,当不了大树就当小草,当不了太阳就当星星,当不了江河就当小溪……明白自己是什么也就明白了自己该走的路,明白了自己的能力有限也就明白了不可能事事完美,就可以心安理得地坚定地走在自己选定的人生路上,就会在生活中创造出无穷的乐趣,就会在前进中开发出无尽的幸福与欢乐。

魔力悄悄话

如果你有过于要求完美的心理趋向,又认为情况应该比现在更好时,一定要把握住自己,放弃苛刻的眼光,心平气和地承认生活的残缺,这才是成熟者的心态。

不攀比笑对荣辱

从前,有一个老童生考秀才,已经考得胡子都白了,仍没考取。有一年,他正好与儿子同科应考。到了放榜的那一天,他正关在屋里洗澡,儿子看榜回来,高兴地报喜:"父亲,我已考取了。"

老童生在屋一听,便大声呵斥:"考取一个秀才算得了什么,这样沉不住气!"儿子一听,吓得不敢大叫,便轻轻地说:"父亲,你也考取了。"老童生一听,忘了自己光着身子,连衣服还没穿上,就忙打开房门,大声呵斥:"你怎么不先说!"

老童生是可笑的。其实,生活中,又有几人能从容应对得失、荣辱呢?

19世纪中叶,美国有个叫菲尔德的实业家,他宣称要用海底电缆把"欧美两个大陆连接起来"。为此,他成为美国当时最受尊敬的人,被誉为"两个世界的统一者"。在盛大的接通典礼上,刚被接通的电缆传送信号突然中断,人们的欢呼声变为愤怒的狂涛,都骂他是"骗子""白痴"。菲尔德对于这些只是淡淡一笑。他不做解释,只管埋头苦干,六年后,最终通过海底电缆架起了欧美大陆之桥。在庆典会上,他没上贵宾台,只远远地站在人群中观看。

世上有许多事情的确是难以预料的,成功常常与失败相伴。人的一生,有如簇簇繁花,既有红火耀眼之时,也有暗淡萧条之日。面对成功或荣誉,要像菲尔德那样,不要狂喜,也不要盛气凌人,把功名利禄看轻些,看淡些。这样,面对挫折或失败,就不会像《儒林外史》里的范进,因中了举而发了疯。

一天，有只猴子被耍猴人捉住，它十分害怕，以为死亡即将来临。谁知耍猴人没有杀它，给它穿上红袍戴上纱帽，教它坐在椅子上抽旱烟，模仿人的模样与动作。猴子学了几天，全学会了。耍猴人就让它骑在羊背上，叫狗拖着狂奔，猴子更加得意了，觉得自己比羊和狗都高贵。于是，对它的伙伴羊和狗，总是摆出一副唯我独尊的架势。

有一天，当猴子戴上纱帽、穿起红袍登场的时候，人们鼓掌哄笑起来："官老爷来了，官老爷来了！"猴子听见，更是万分得意，好像它真是一个大官了，拿起鞭子在它的伙伴身上狠狠地抽打着。它忘记了自己与羊和狗一样，同是耍猴人的奴隶。

猴子在掌声中得意忘形，令人可悲。其实，人有时何尝不是如此？

东汉末年的关羽勇猛过人，颇受赞誉，他便逐渐骄傲自大起来。

正是这个缺点被其劲敌吕蒙抓住了，吕蒙以病休为借口，让当时还没有什么名气的陆逊致书大捧关羽。关羽误以为陆逊敬畏他而不敢犯荆州，便无后顾之忧，率大部分兵力北征。于是吕蒙乘虚立即袭取了荆州，结果在曹、孙两军夹击下，关羽军队溃散，关羽本人也被擒杀。

明朝末年，李自成从陕西起义，历经千辛万苦，英勇战斗，终于推翻了明王朝，逼使崇祯帝上吊。这时，李自成拥有百万大军，胜利已成定局。于是，得意的李自成和他的将领们开始享乐腐化，骄傲麻痹，看不到关外虎视眈眈的满洲八旗军，而是忙于拷打原明官以追赃，筹备登基大典，开科取士等，对军国大事不闻不问。李自成以为王业已定，只待登基。后来，吴三桂据关拒降，李自成才急忙率二十余万军出击，殊孰不知吴三桂已降清并请清兵进驻沙河，结果大顺军被夹击，一战而溃。

古往今来，多少英雄豪杰在敌人的严刑逼供下，在革命的血雨腥风中都不曾屈服蜕变，然而，在胜利的凯歌中，在人们欢迎的鲜花前，在别人赞誉的掌声里,在潜在敌人糖衣炮弹的袭击下,他们变质了,昔日舍我其谁的霸气、誓死求胜的豪情荡然无存。他们放弃了继续奋斗,永攀高峰,从此沉溺于歌舞升平,声色犬马,最终落得个前功尽弃、英名尽失,甚至身败名裂、不得善终的下场。

魔力悄悄话

人生中,有春风得意的时候,也有处处碰壁的境地。只有胜不骄、败不馁的人,才能笑到最后,赢取真正的精彩。